U0229554

Quintessence of Ancient Architecture

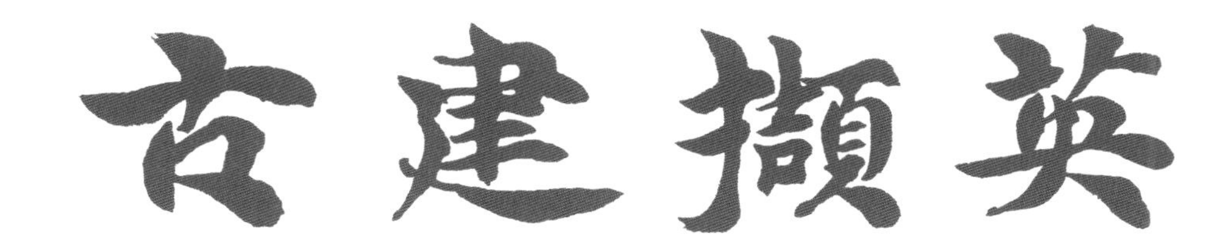

傅熹年建筑画选

傅熹年 著

北京出版集团公司
文津出版社

a

目 录

序

b

序

这里呈献给读者的约一百七十幅画是我从事建筑史研究四十余年间所绘制的建筑史资料图和相关写生画。

1951 年我高中毕业，将要选择大学专业，我看了一些介绍中外建筑遗产的图册，又在《文物参考资料》和《新观察》上读到梁思成先生介绍中国古代建筑和明清北京城的文章，十分倾慕，遂有志于学建筑，高考第一志愿即为梁思成先生主持的清华大学营建系，竟有幸被录取。1951—1956 年春这四年在校读书期间，我把主要精力倾注在专业课中的建筑设计、建筑历史和基础课中的素描、水彩画之中，这几门课的成绩一般都可以名列前茅。当时教我们素描的是李宗津先生，教水彩的是吴冠中先生和关广智先生，都是大名家，使我们受益匪浅。在建筑画中，我最钦佩梁思成先生的铅笔单线速写，曾对他的一本名为《拾遗》的速写册中所绘法国布恙阿城堡的大楼梯和沈阳北陵建筑等写生作品反复临摹，并按此画法画一些外国古建筑，对我以后研究建筑史极有帮助。在水彩画方面我也很钦佩梁思成先生、杨廷宝先生、童寯先生。莫宗江先生的彩色渲染图也达到极高的水平，当时梁先生设计人民英雄纪念碑，莫先生为他画了一幅水彩渲染图，其碑身与青天融为一体的效果极佳，得到梁先生盛赞，也是我学习的榜样。这些都引导我以后在这方面多加努力。

毕业后我到了建筑科学研究院工作，1961 年夏开始参加浙江民居的调查研究工作，确定要从设计角度总结浙江民居的特点和优点，但由于传统民居现状多较破旧残损，照相效果不佳，且有“为新社会农村抹黑”之嫌，遂改用以写生画和实测图的方式来表达其完整形象和设计理念。在这一方针下，浙江民居组的十余人辗转于山区水乡，画了数百幅表现民居设计手法、室内外空间特点分析的写生画，配以完整的实测图，为民居研究开拓了新路，也大大提高了大家的设计和写生、绘图水平。1963 年在杭州和上海举办了介绍浙江民居调查和研究工作的展览，得到同行的好评。自 1963 年下半年起，又开展了福建民居的调查，对闽东、闽西、闽南各地的民居进行调查和测绘，也循同样方针工作，前后画了四百余幅图。至1964年秋，因召回参加“四清”运动而不得不中止，实测图纸也毁于“文革”，只有少量个人速写得以保存。

对浙江、福建民居的调查，使我对民间建筑文化传统、地域风格特点有了较具体、深刻的体会，而大量写生、制图也提高了我的绘画水平。

1963年上半年起，我参加了刘敦桢教授主编的《中国古代建筑史》的工作，主要任务是制图和编写注释。除绘制一些重要单体建筑图外，还重点补充一些按时代、类型分别组合起来的比较分析图，以说明其特点和差异。宋以前建筑实物稀少且那些年发现的重要古代建筑遗址颇多，因此刘先生还命我做一点重要古建筑遗址的复原研究以供编史参考。我先后做了西安唐大明宫的麟德殿、含元殿、玄武门、重玄门等重要遗址的复原研究，绘成复原图，得到了刘先生的指导和鼓励，被收入建筑史稿中，这份经历开启了我对古建筑复原研究的兴趣。我还把一些能反映古代大建筑群布局特色的古碑、古图，如宋代所刻汾阴后土庙图碑、明代所绘太原崇善寺图等，按现代画法转绘成易于了解其布局特点的鸟瞰透视图，给建筑史增加一些有根据的形象资料。

1966年“文革”开始后，为避免技术过于退化，劳动之余我偶然也画几张水彩和素描。但是这类图纸必须符合当时的风尚，避免被人指责为搞“四旧”，故所画多为广州农民运动讲习所、福建古田会议遗址、韶山故居、延安宝塔山等具有革命历史纪念性质的传统建筑。在“五七干校”时还曾为小报的刊头和插图画过《红色娘子军》。这些都是在当时特殊历史条件下的情况，用以表明我不是一味欣赏古建筑的。

1970年我由“五七干校”分配到甘肃天水工作，1971—1972年夏，文化部文物局准备维修麦积山石窟，派祁英涛工程师来天水调查情况。承祁公好意，就近借调我来参加麦积山石窟的调查和绘图工作。这样，我在荒疏了专业六年之后得以重新接触古建筑，真有喜出望外之感。当时麦积山石窟对外不开放，空山无人，我除在前人测绘的初稿上加以充实，绘成麦积山石窟的立面全图外，还可以在各石窟中细心观览，逐个对有建筑形象的窟檐和壁画进行测绘和写生，积累了大量北朝建筑史料，实是极难得的机遇。其间我抽暇画了一些著名雕塑的速写，也逐渐恢复了我生疏的素描和写生的技巧。

1972年秋，我被借调到北京参加出国文物展览的筹备工作，协助画图，这又给了我一次重拾旧业的机会。我在此期间画了很多供去法国和日本展览使用的大图，并根据考古研究所的遗址实测图，对新发现的埋在明北京北城墙下的后英房元代建筑遗址、埋在明清北京西直门下的元大都和义门遗址和唐长安大明宫含元殿遗址等古建筑的原状进行探讨，绘制成复原图和几幅大型彩色渲染图，供出国展览之用。

1975年重返建筑科学研究院从事建筑历史研究，次年“文革”结束，可以正常进行古建筑研究工作。在70年代后期至90年代，我先后参加了编写《中国大百科全书·建筑卷》、《中国古建筑》画册和《中国古代建筑史》第二卷等工作，并在北京和全国调查和收集了若干较新发现的重要的建筑史资料，写成论文发表。当时刘致平教授正从事中国民居研究，我也为他画了一套从古代到近代反映民居历史发展和地域分类及差异的图纸，有一定创新性。

此期间调研和实地考查陆续收集到较多新发现的古建筑和考古遗址资料，逐步撰成论文发表。其中有《战国中山王嚳墓出土的〈兆域图〉及其所反映出的陵园规制》《陕西歧山凤雏西周建筑遗址初探》《陕西扶风召陈西周建筑遗址初探》《福建的几座宋代建筑及其与日本镰仓大佛样建筑关系》《山西省繁峙县岩山寺南殿金代壁画中所绘建筑的初步分析》《元大都大内宫殿的复原研究》等近十篇论文，多为对遗址和图像的分析及文献考证等专项研究问题，也积累了大量手绘建筑史料。

调查和研究中国建筑史时，离不开对建筑形象的研究和表现能力，所以我对建筑制图、铅笔和水彩写生、建筑渲染图投入了较大的精力，这也为我在研究工作中形象地表达自己的设想提供了较大的助力。速写和水彩主要学习梁思成先生的风格，而较多的渲染和钢笔绘鸟瞰图则吸收一些中国古画的构图，树石景物也尽可能吸收中国山水画的特点。90 年代中期以后，我主要承担编写建筑史等任务，所绘多是分析研究古代规划设计内容，加之渐入老境，绘图、写生的机会就较少了。

综括我四五十年来所绘，主要是建筑画，努力表现古代建筑的风格特点和艺术美感，并力图表现出一些中国传统风格。虽尽力想采撷和反映古建筑中的精萃，但限于个人水平，不妥处尚希读者不吝指正赐教。

傅熹年

2018 年 2 月 12 日

I

古　建　复　原

。。。

陕西岐山凤脑村西周宫室遗址复原
1980年

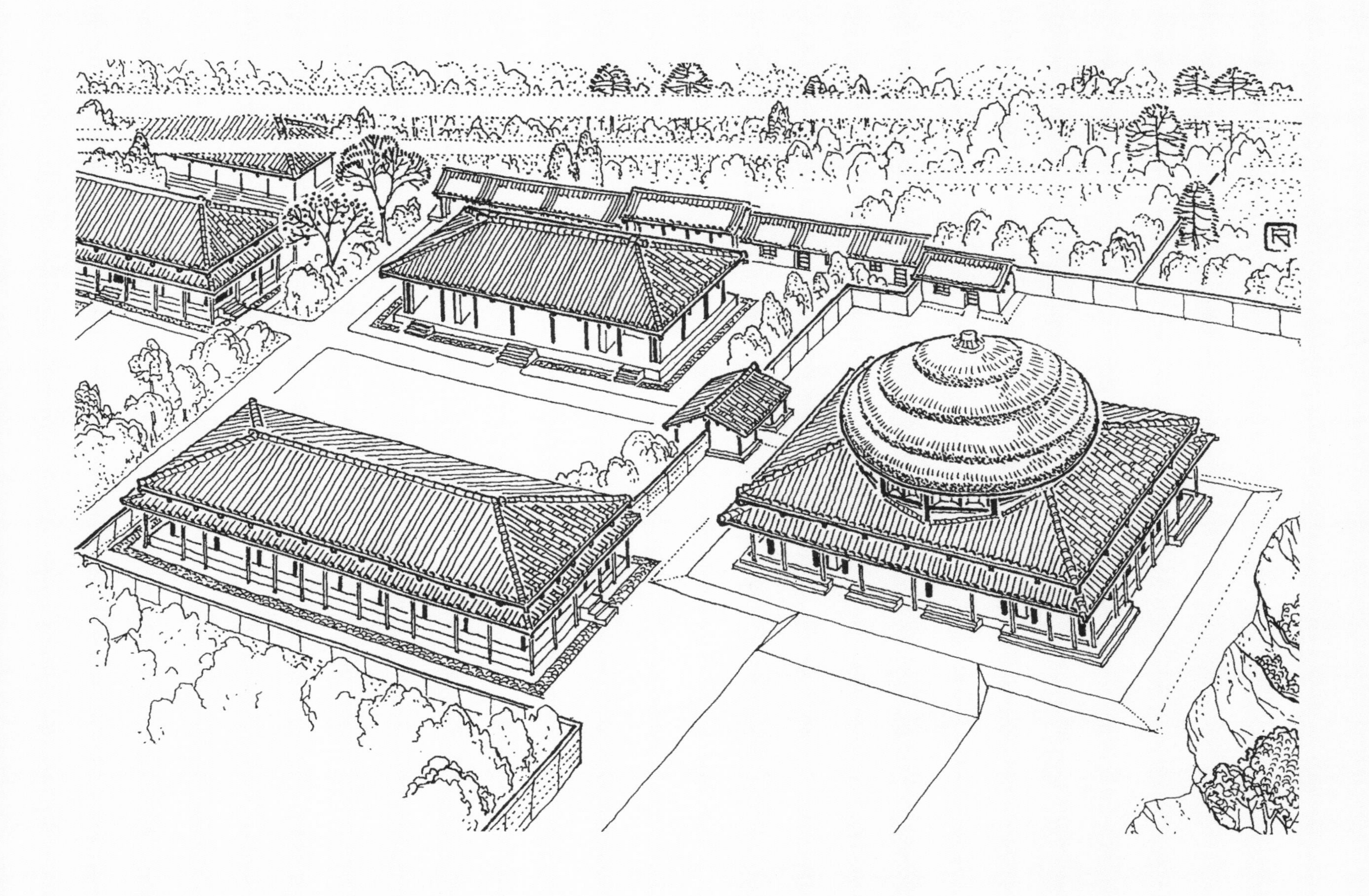

。。。
陕西扶风召臣村西周宫室遗址复原
1980年

。。。

战国中山王譽墓复原

1979 年

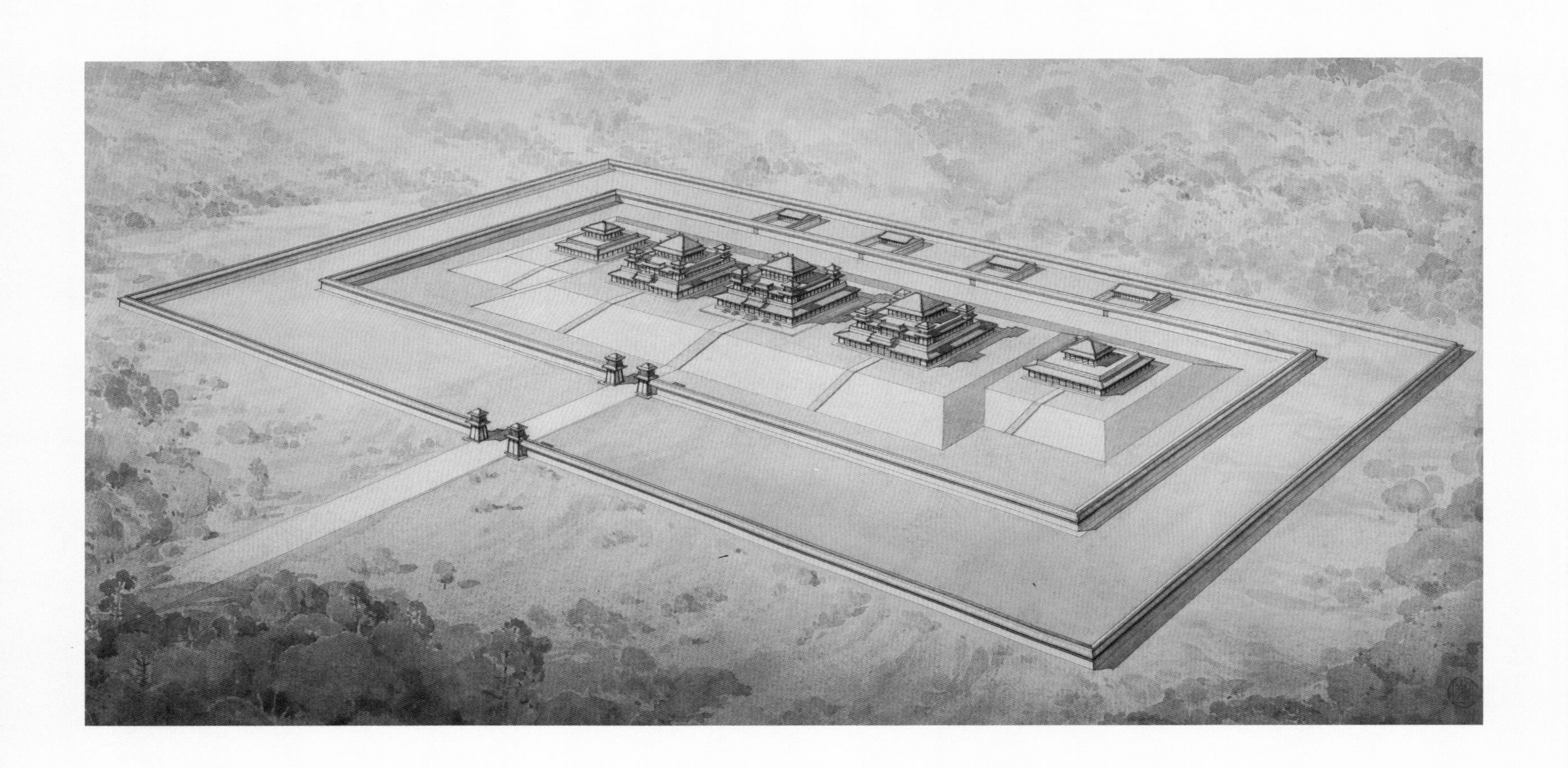

。。。

战国中山王譽墓复原鸟瞰

1979 年

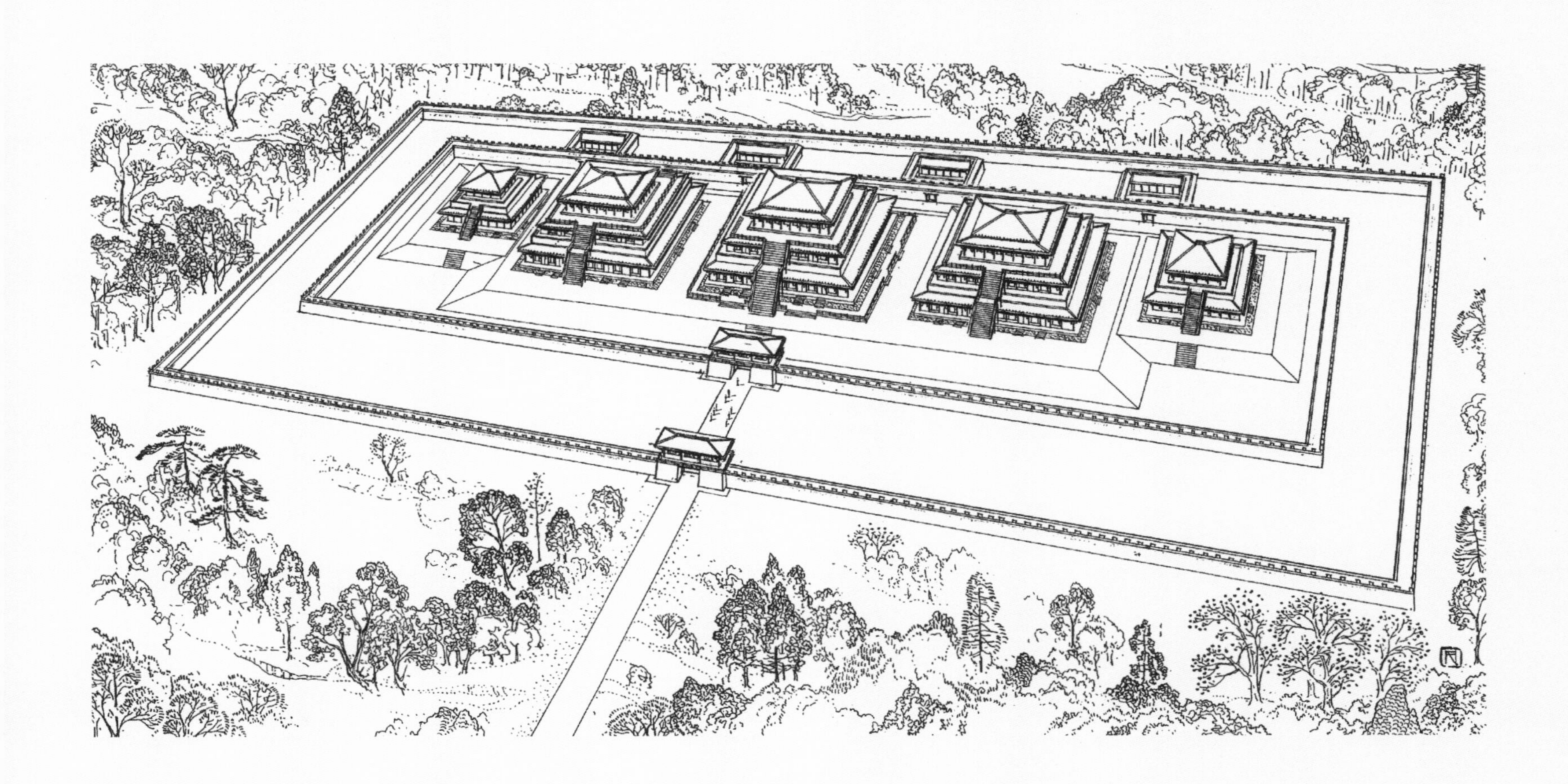

。。。

战国中山王𰯼墓规制复原

1979 年

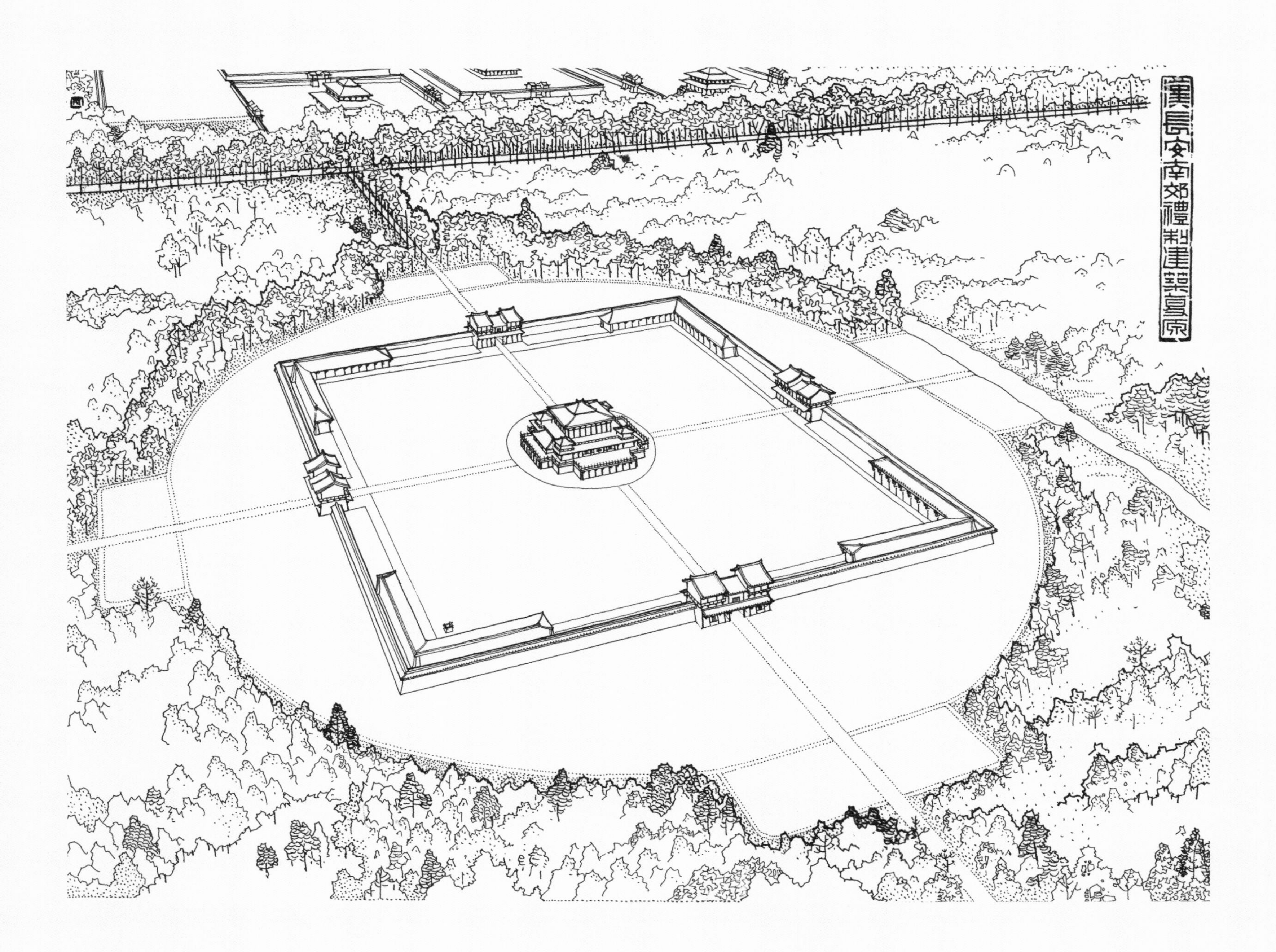

。。。

汉长安南郊礼制建筑复原

1963 年

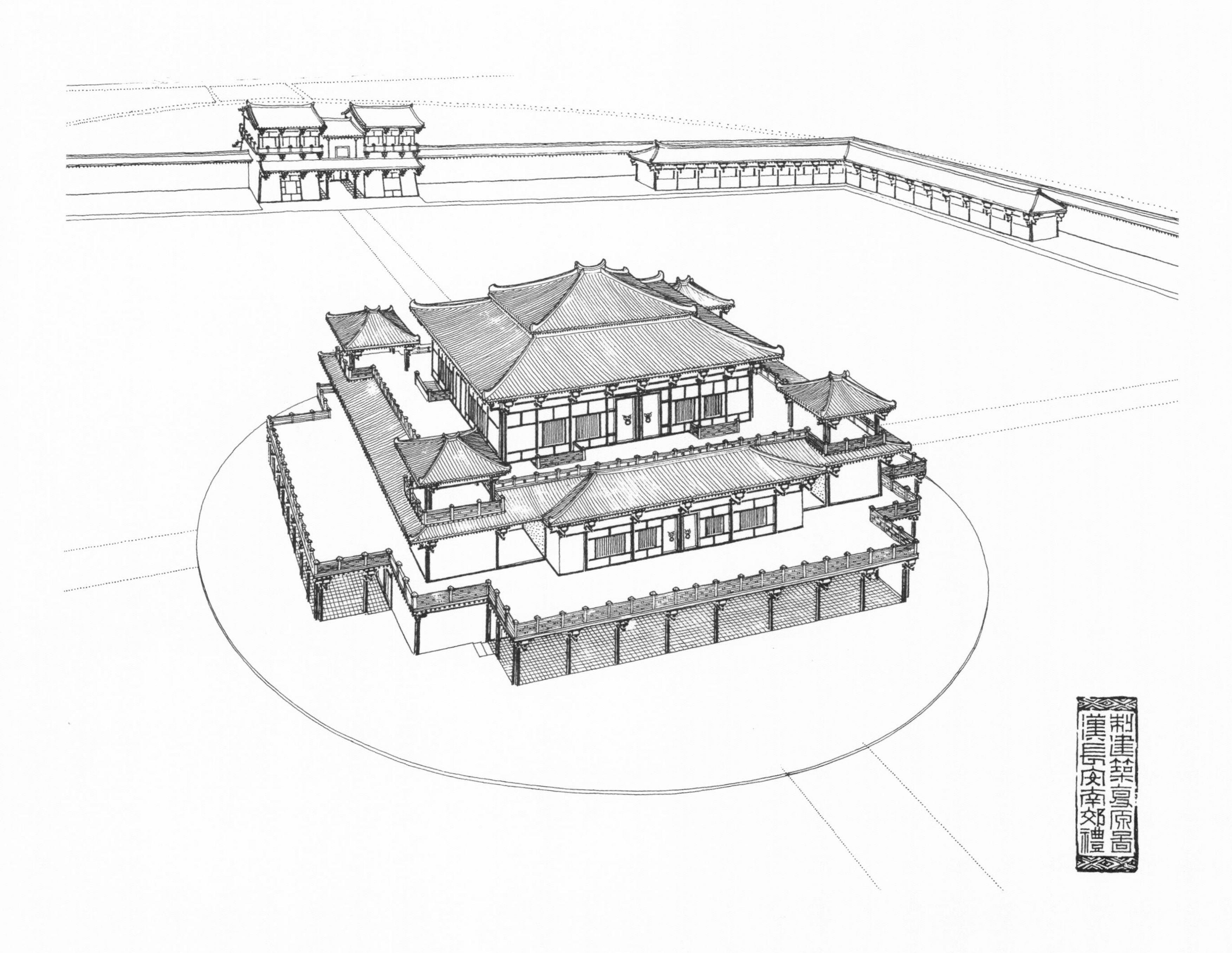

。。。

汉长安南郊礼制建筑复原（主体）

1963 年

。。。

唐长安大明宫含元殿复原
1973 年

◦◦◦
含元殿外观（大样）
1990 年

◦◦◦
含元殿内景（局部）
1990 年

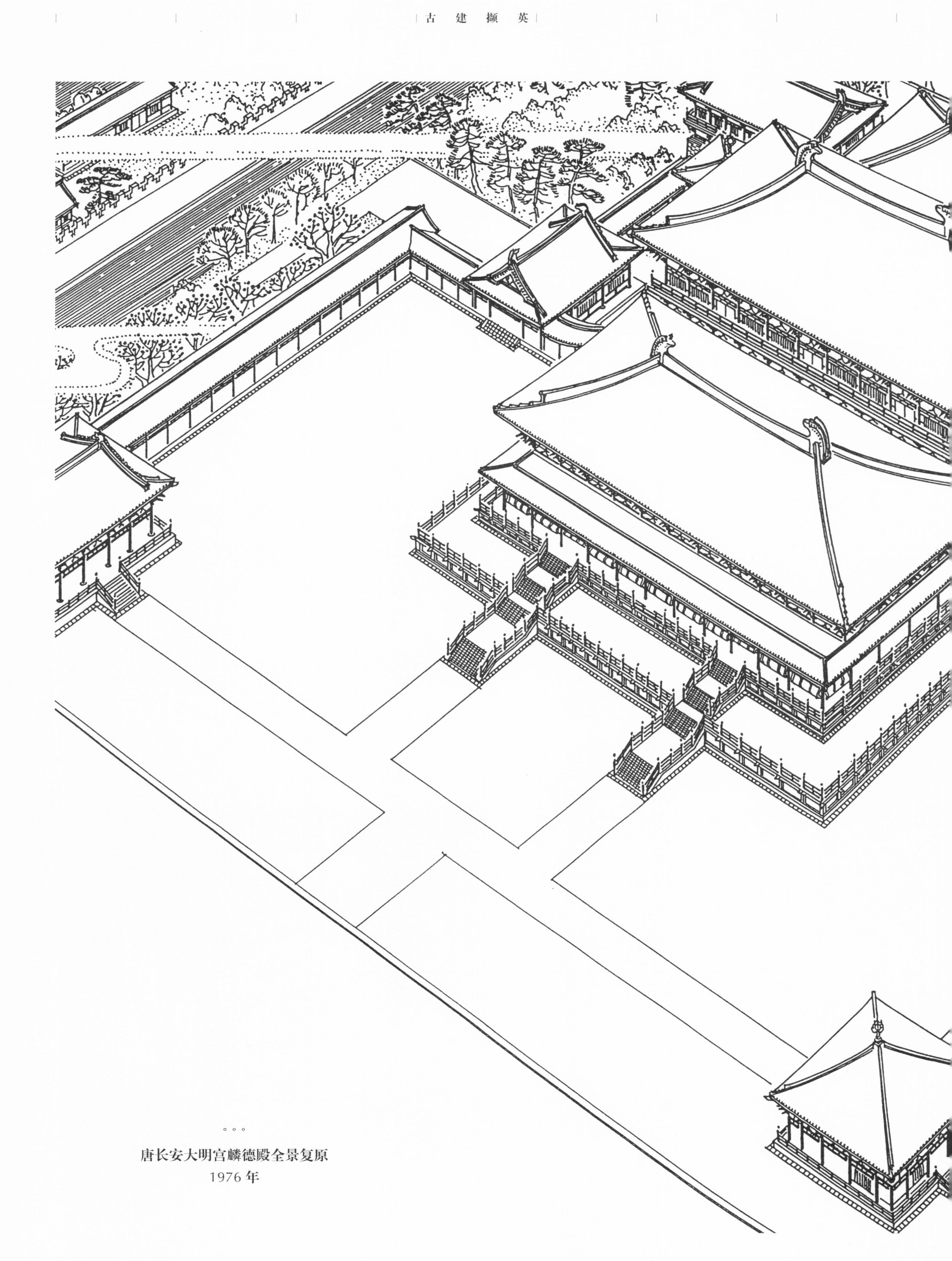

。。。

唐长安大明宫麟德殿全景复原

1976 年

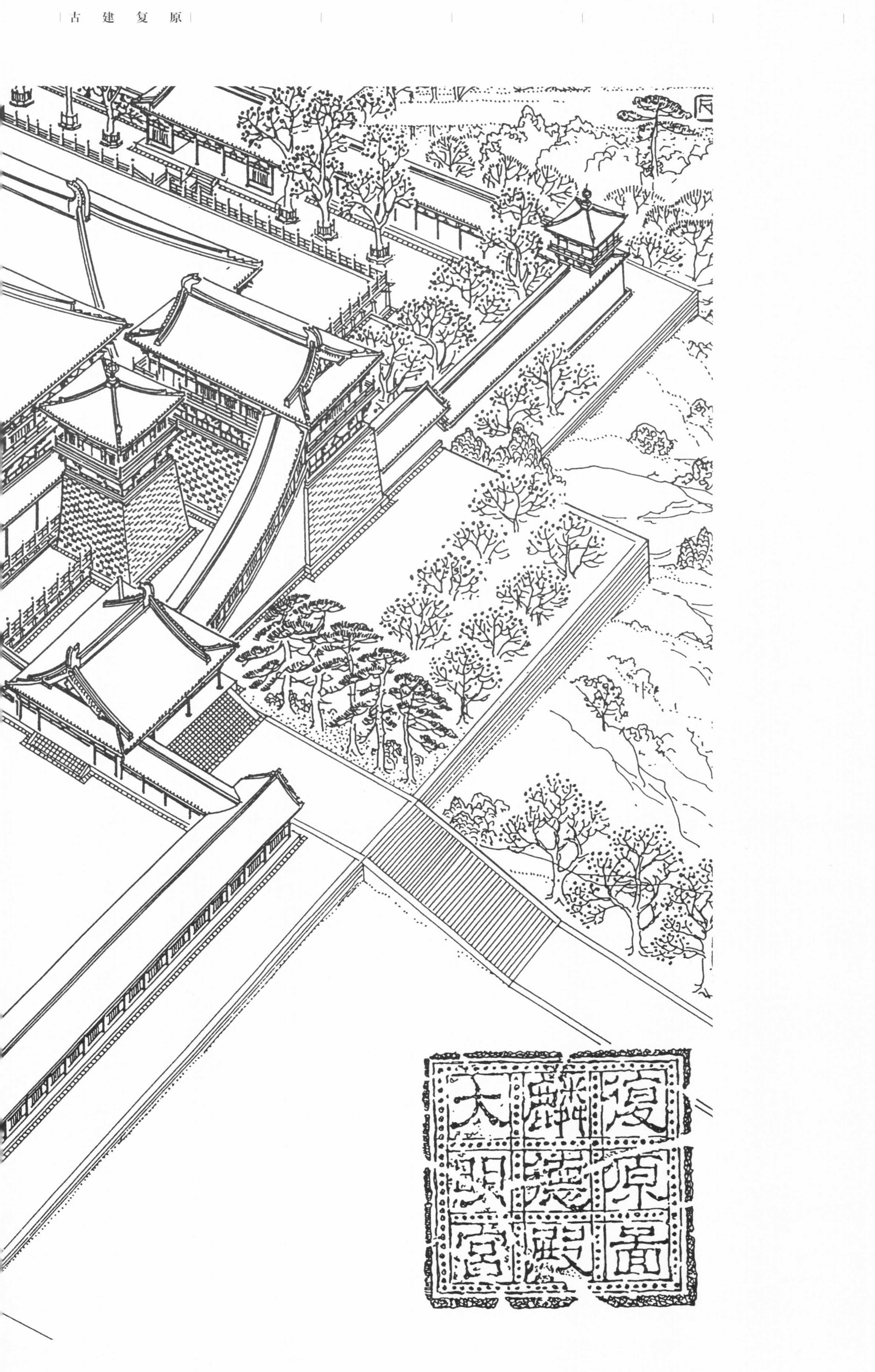
大明宮麟德殿復原圖

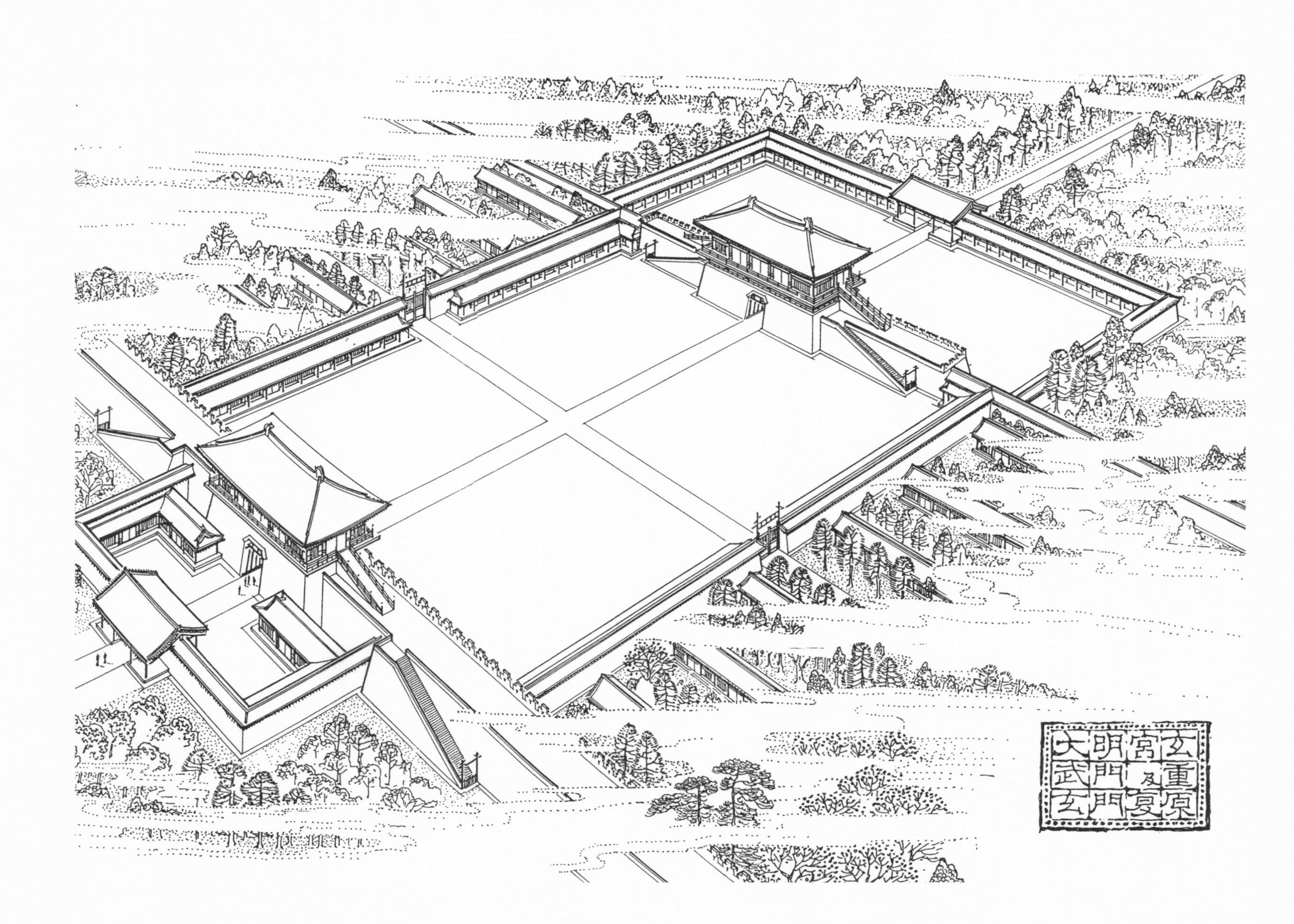

。。。

唐长安大明宫玄武门及重玄门复原
1976 年

。。。

唐长安大明宫重玄门复原（局部）

1976年

。。。

唐长安明德门复原
1976年

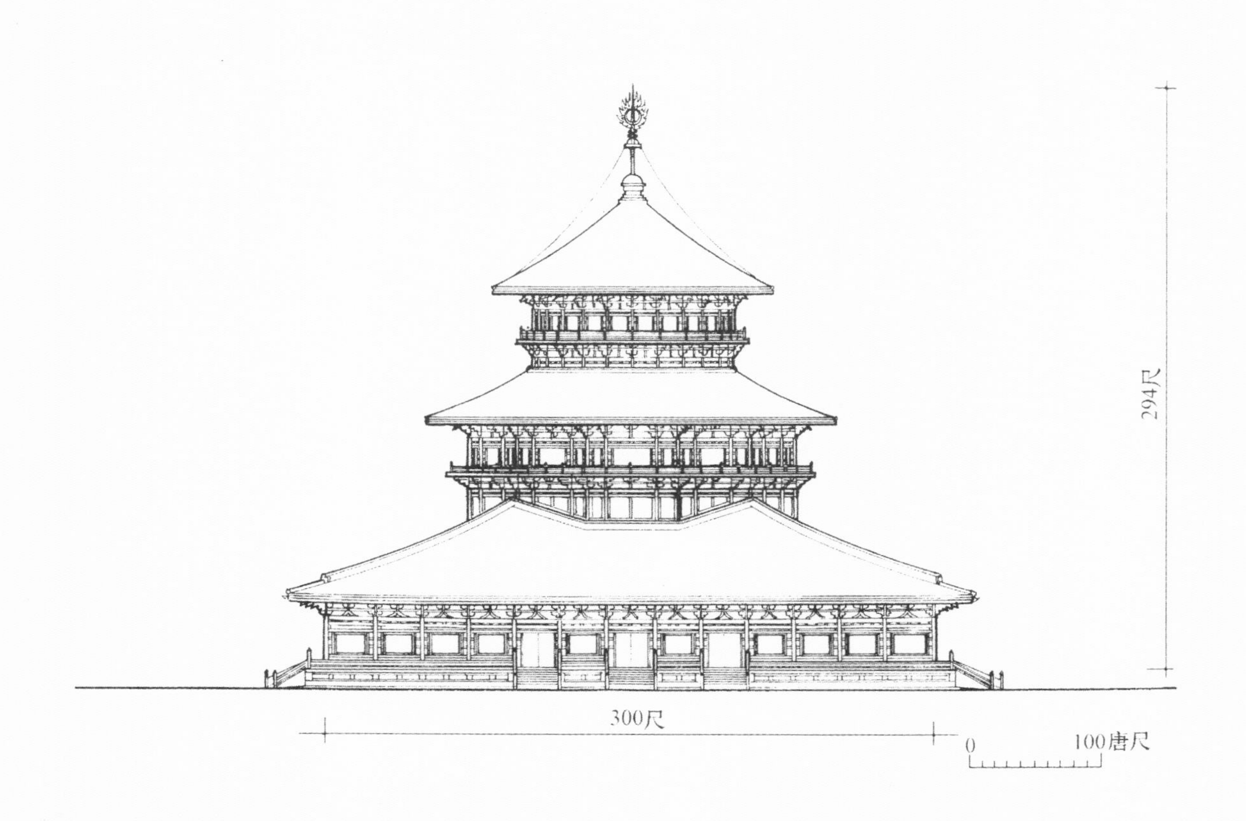

。。。

唐洛阳明堂复原
1976年

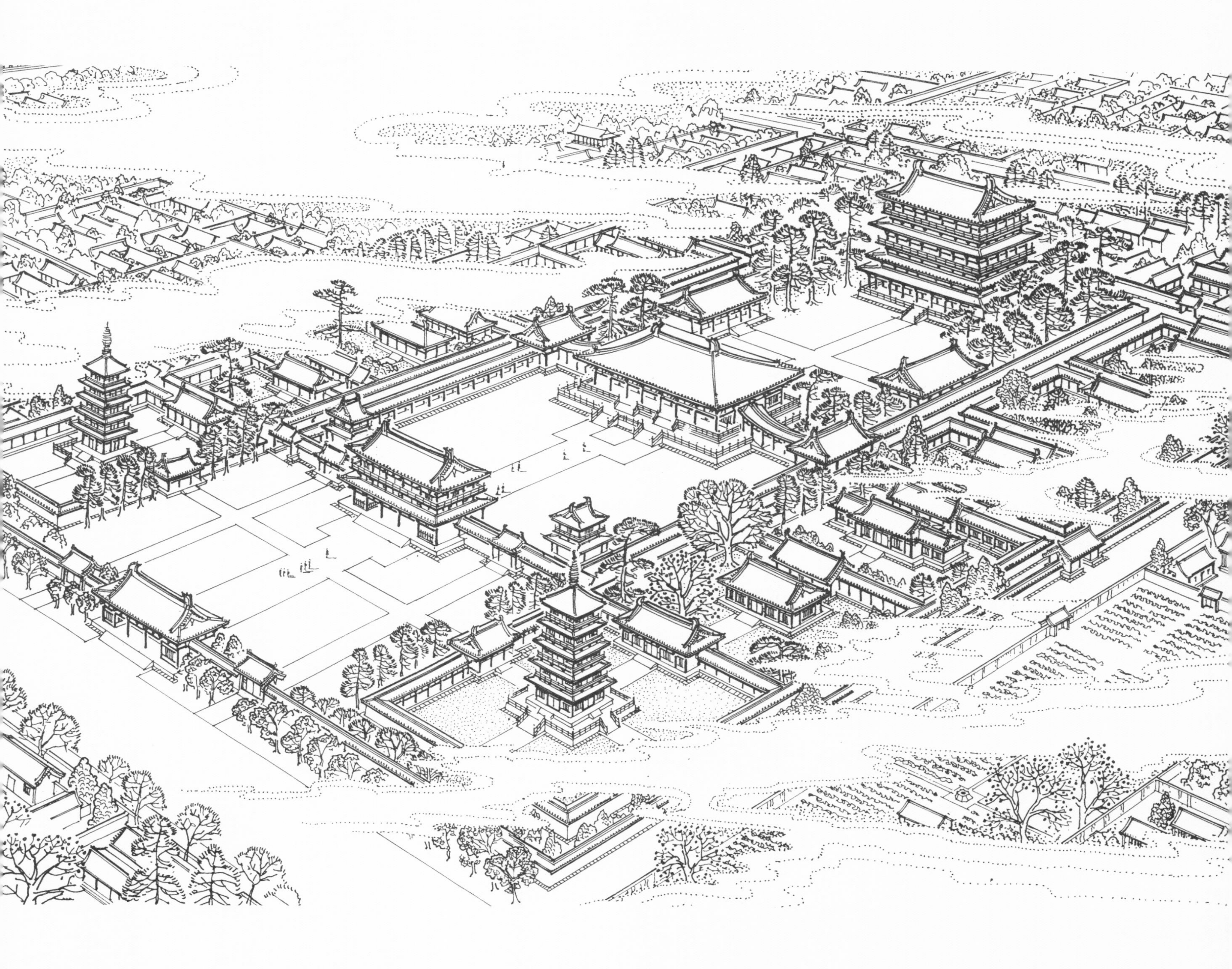

。。。

唐幽州悯忠寺复原

1980年

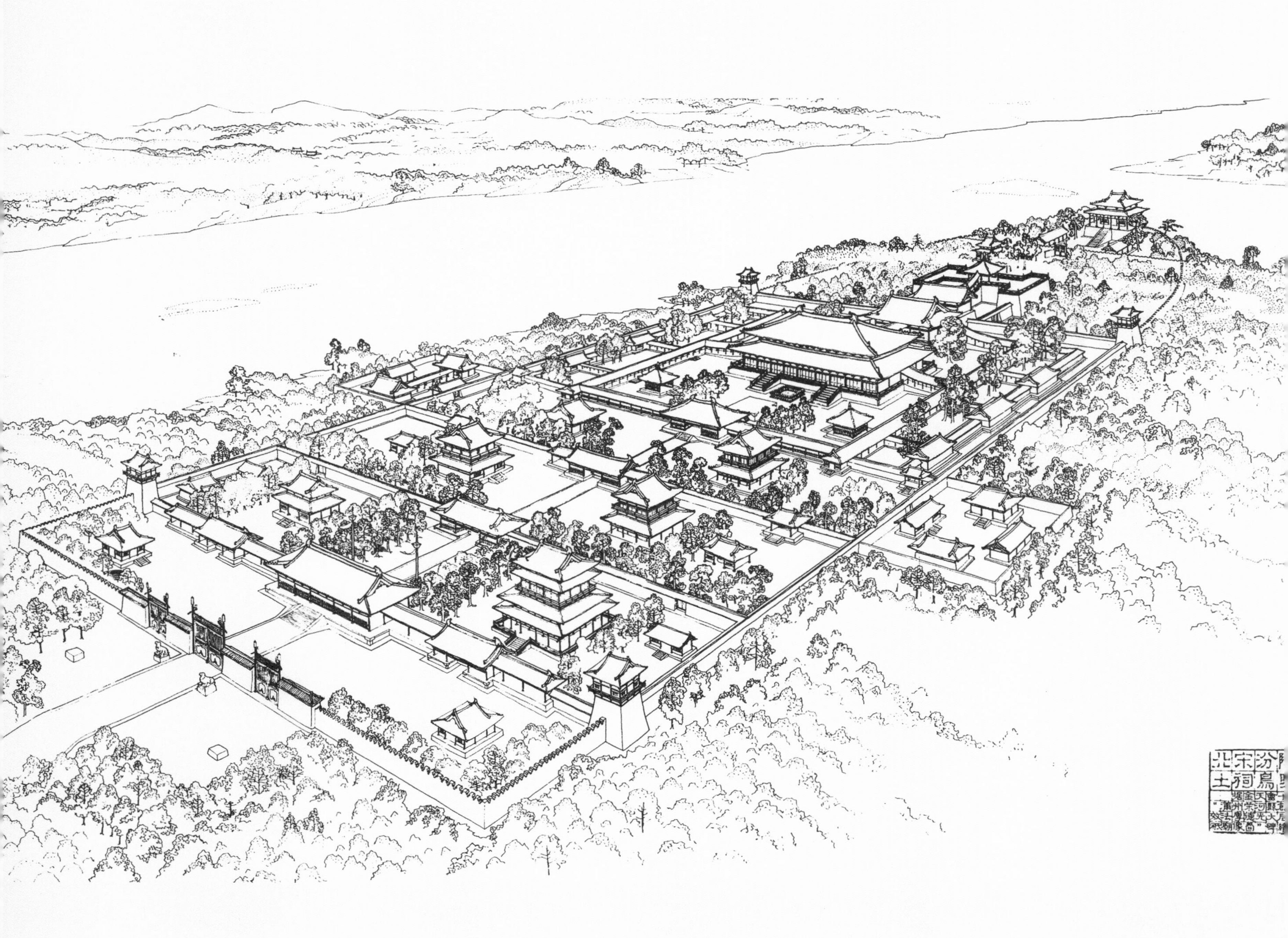

北宋汾阴后土祠复原

1963 年

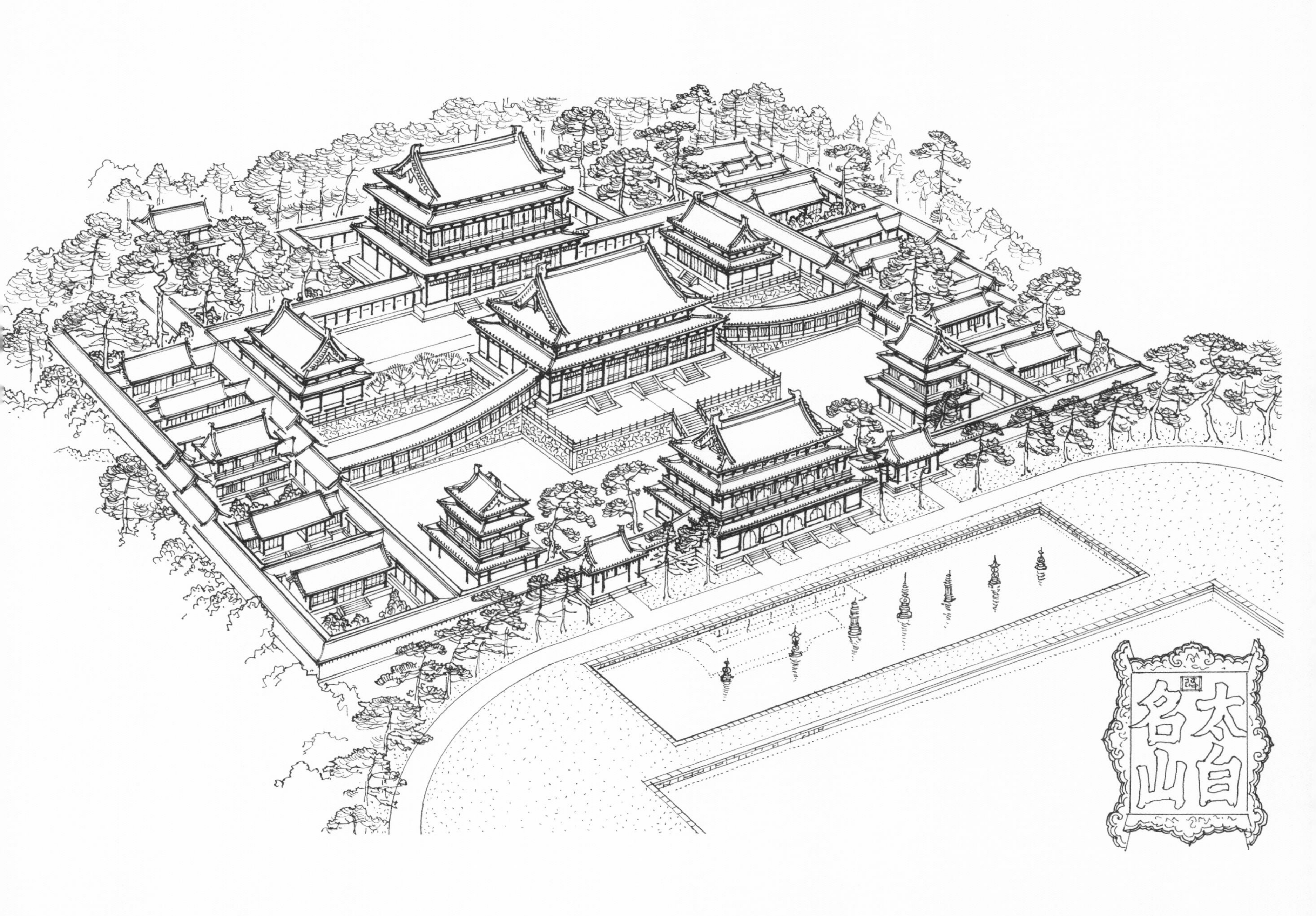

宋代宁波天童寺复原
1993 年

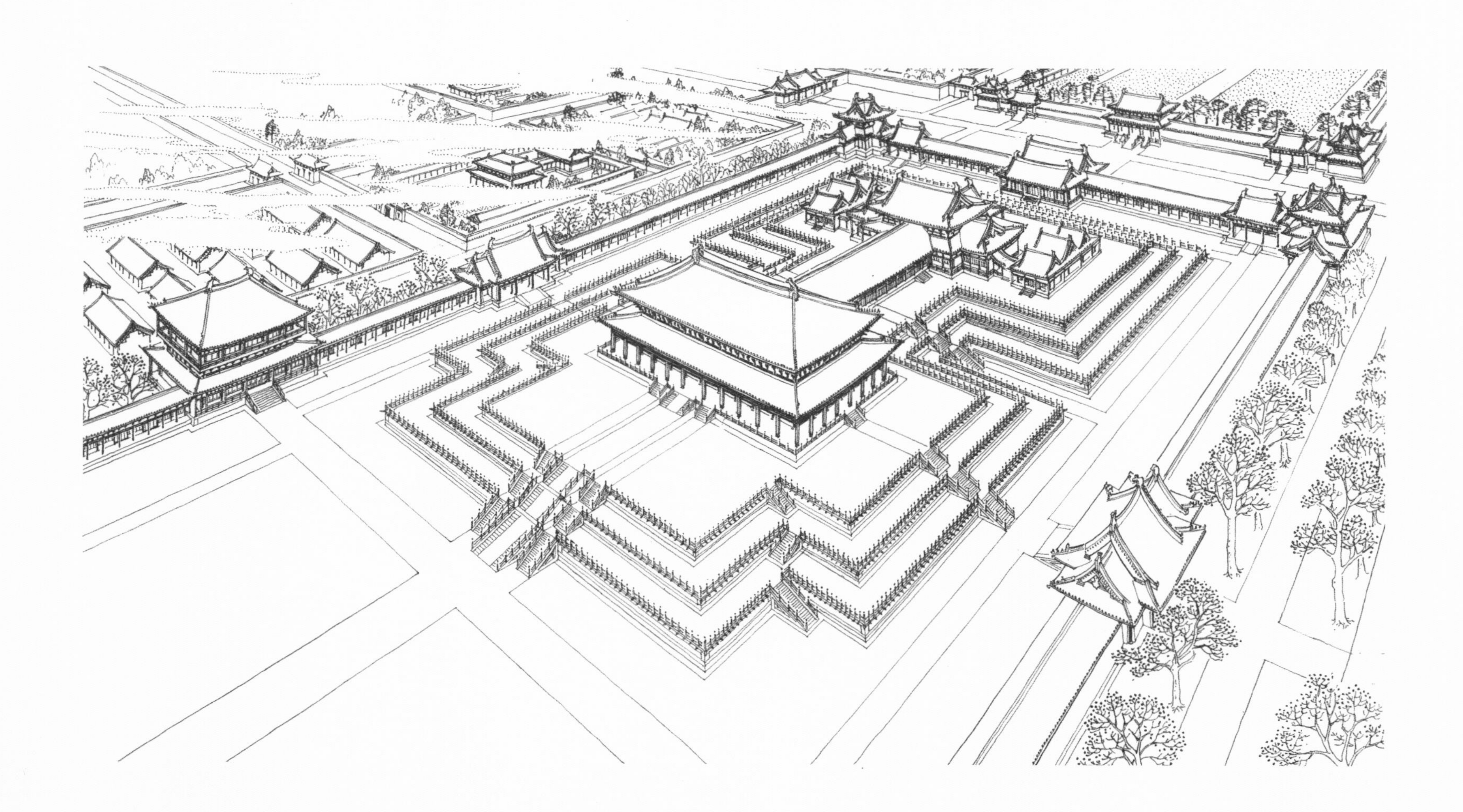

。。。

元大都大明殿复原

1992 年

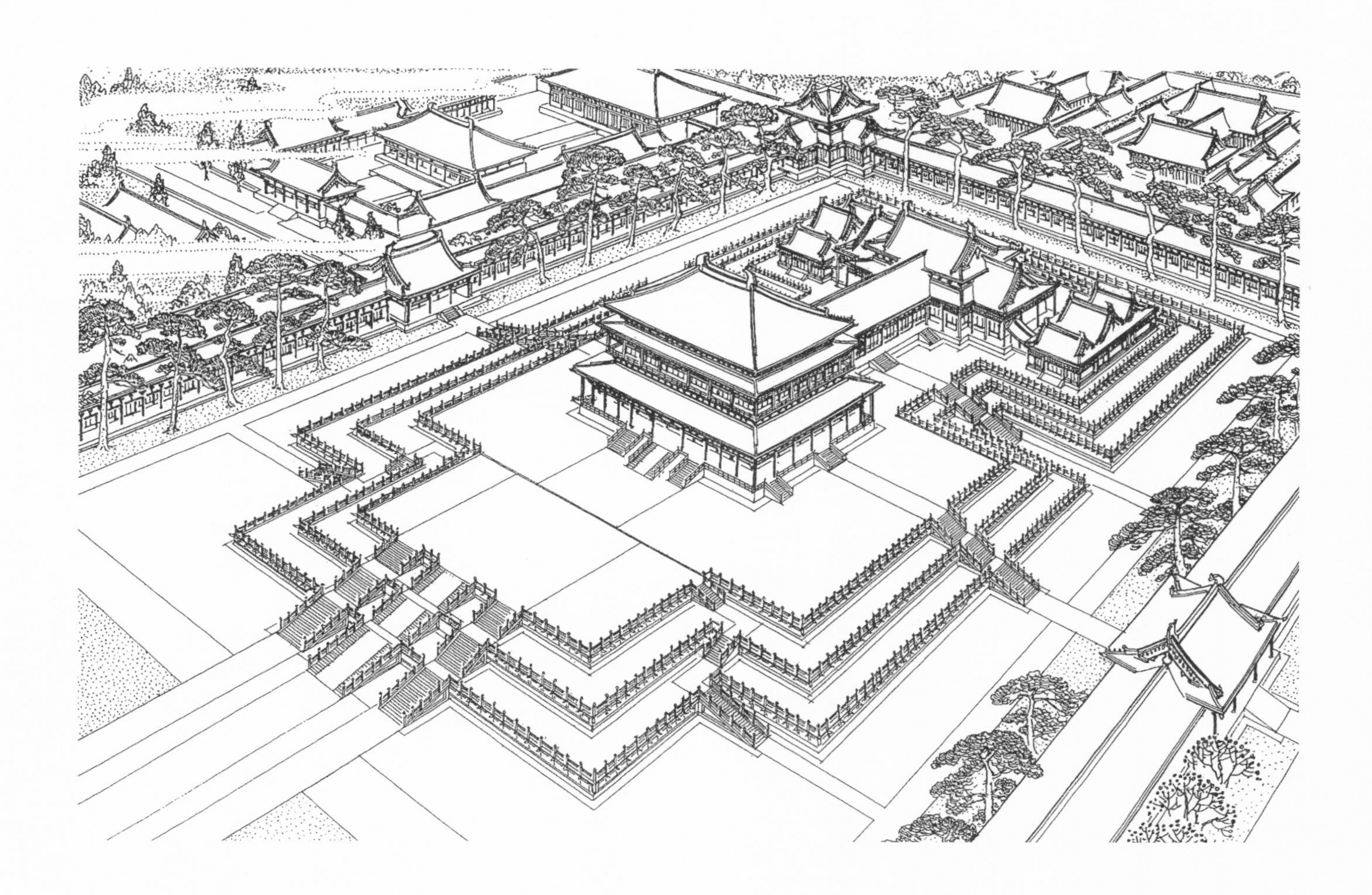

。。。

元大都延春阁复原
1992 年

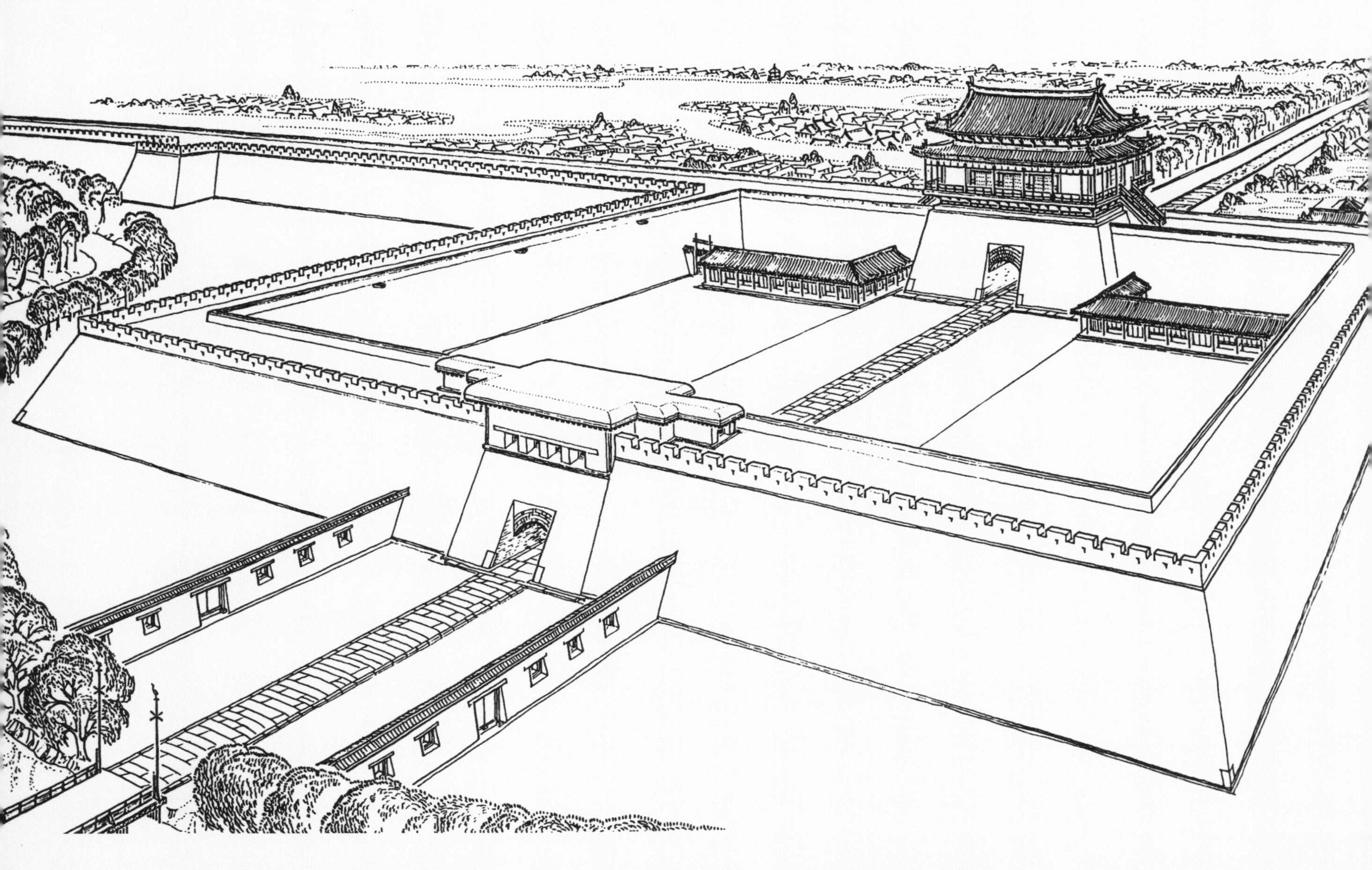

。。。

元大都和义门瓮城复原
1990 年

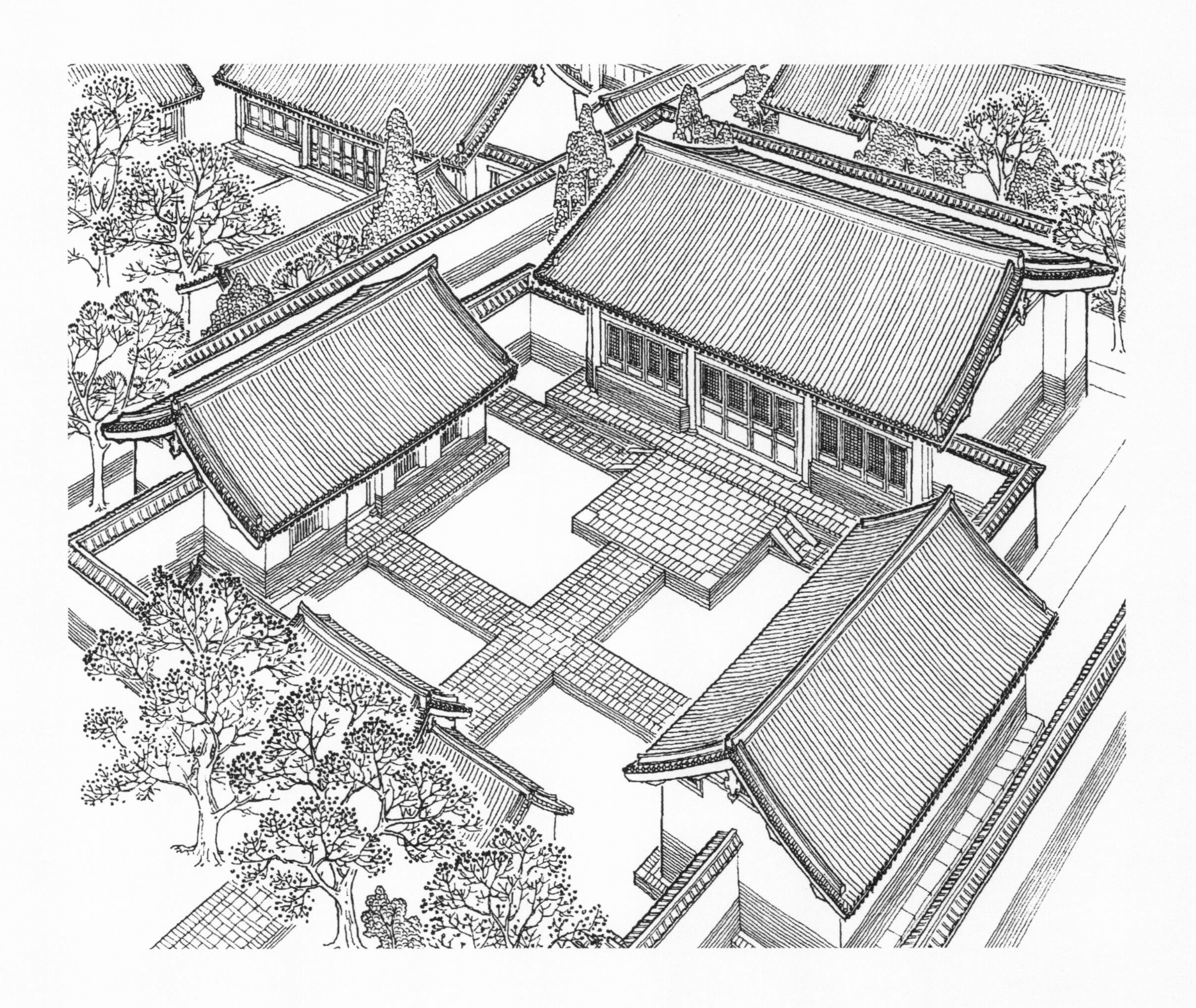

。。。
元代北京住宅复原
1990 年

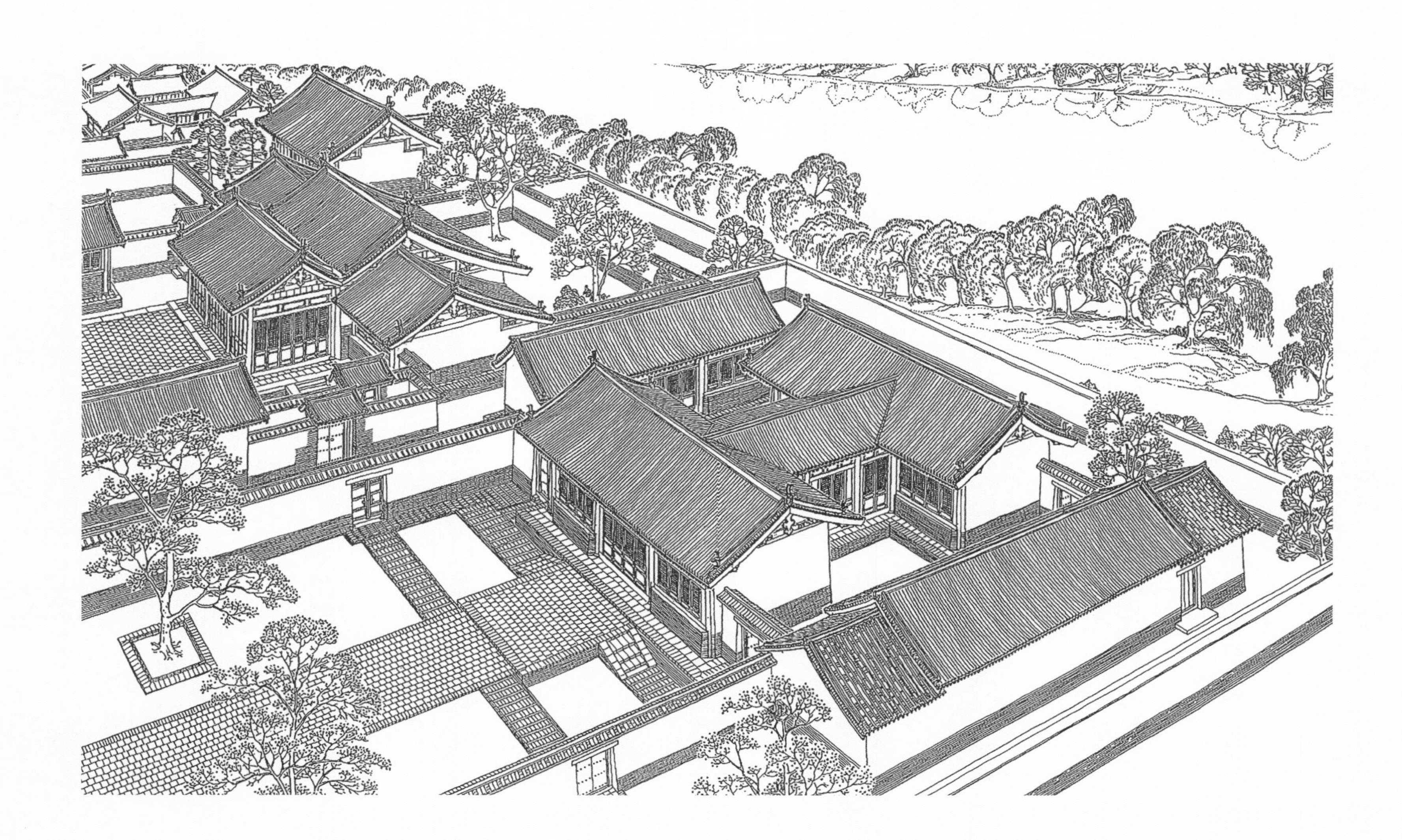

。。。

北京后英房元代建筑复原

1972 年

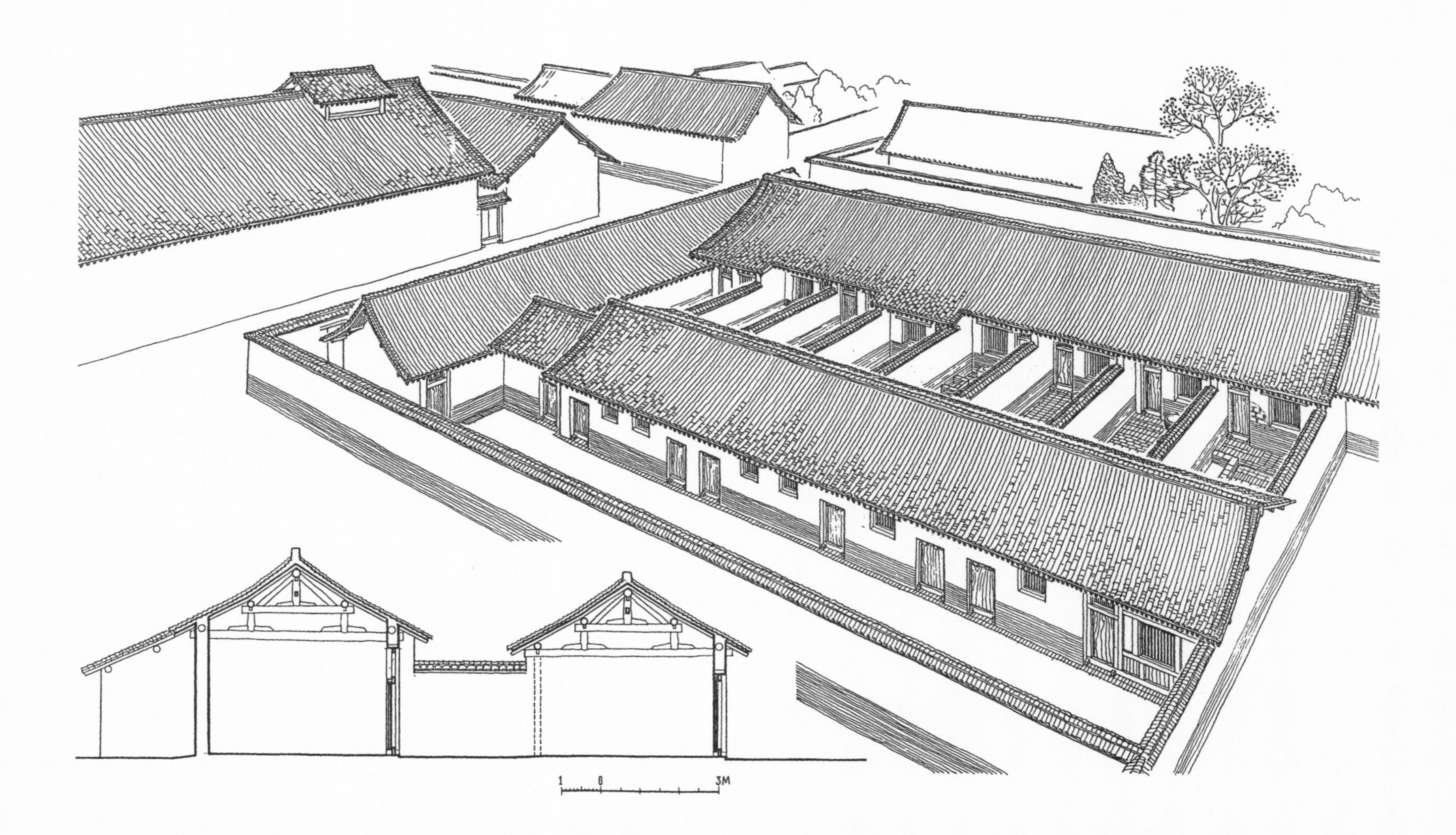

。。。

元大都联排住宅复原

1972 年

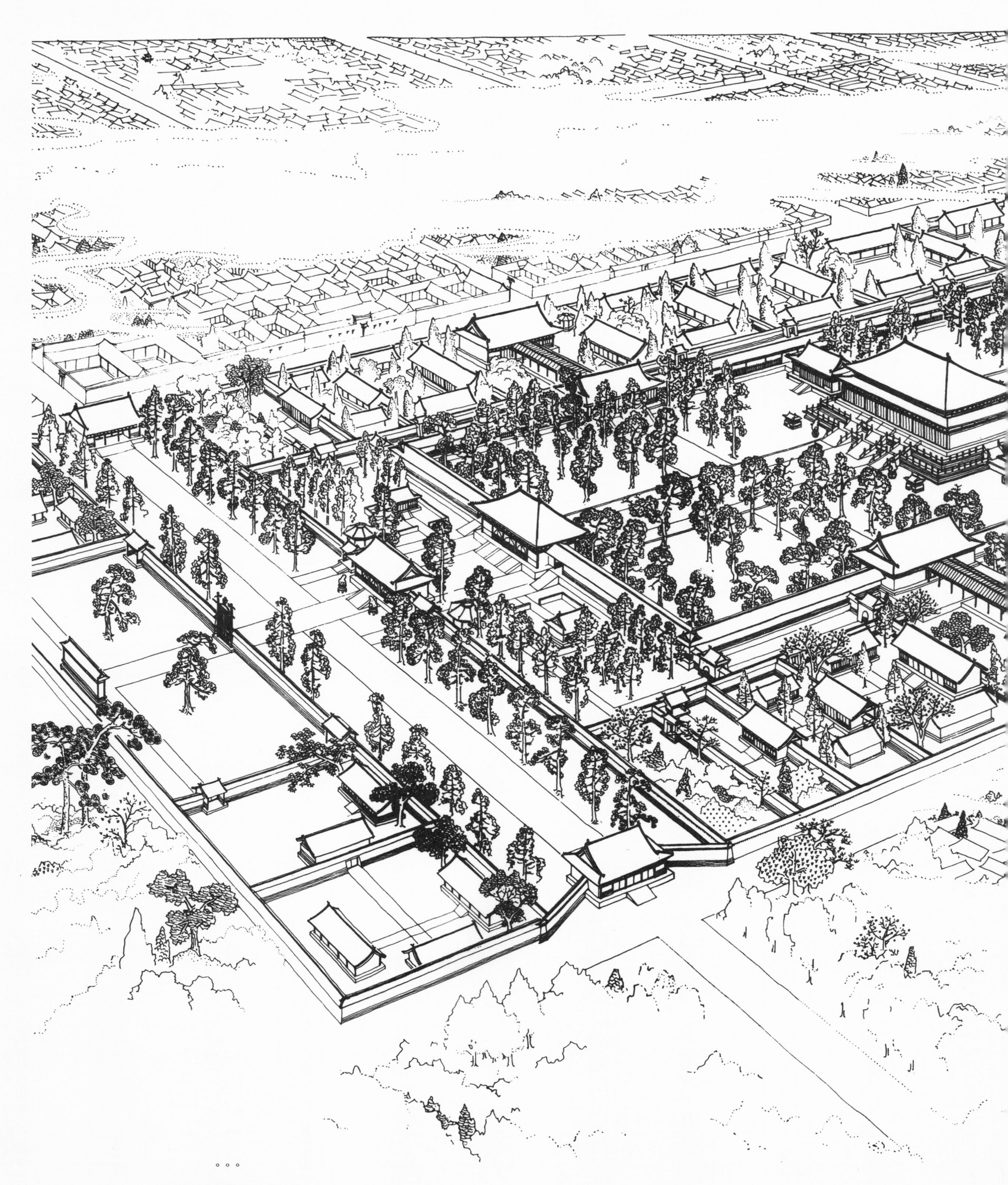

。。。

明代太原崇善寺复原

1963 年

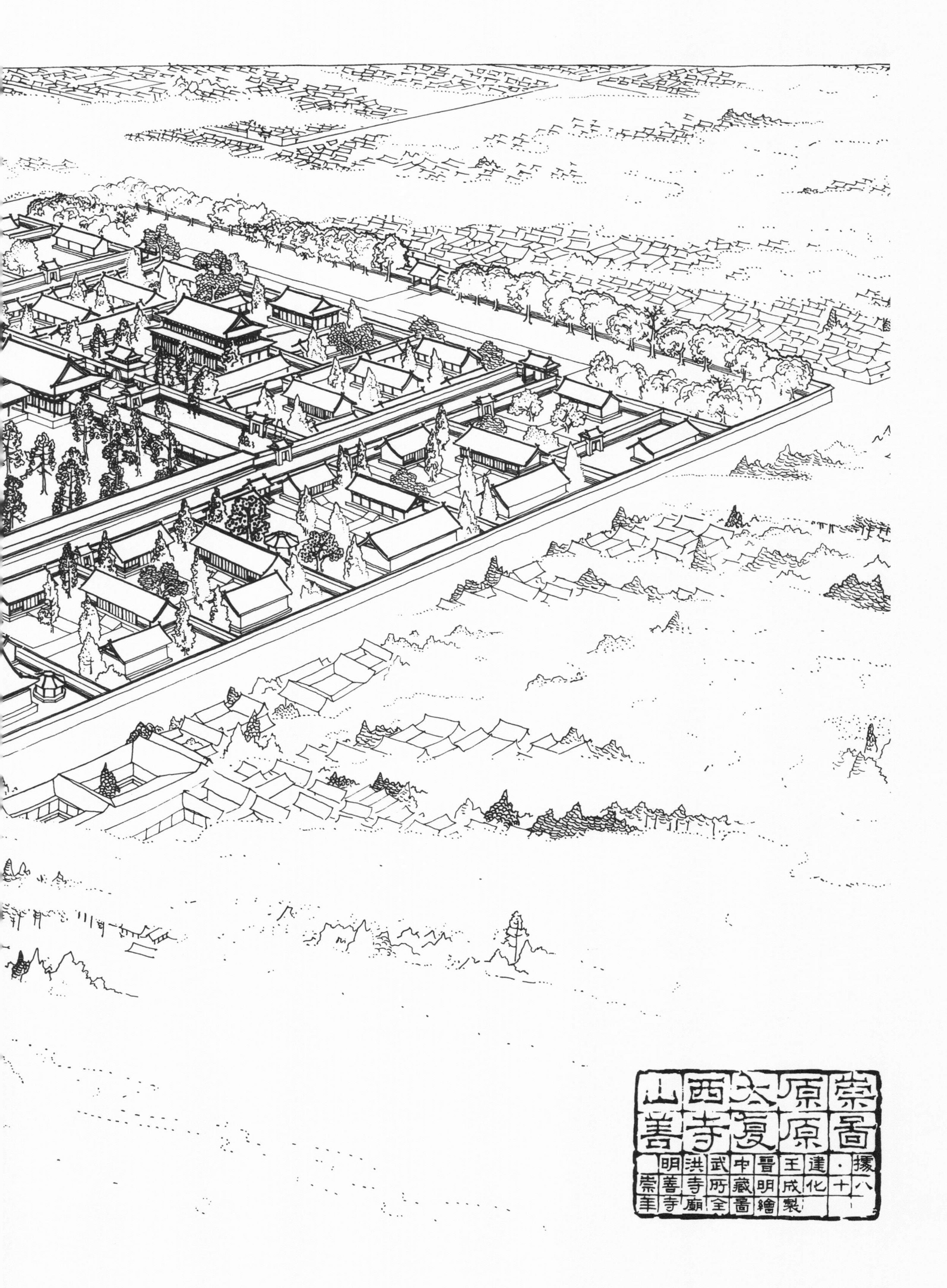

山西太原崇善寺復原圖

明洪武中晉王建・據崇善寺所藏明成化十八年寺廟全圖繪製

清漪园图

。。。

北京清代清漪园复原

1963 年

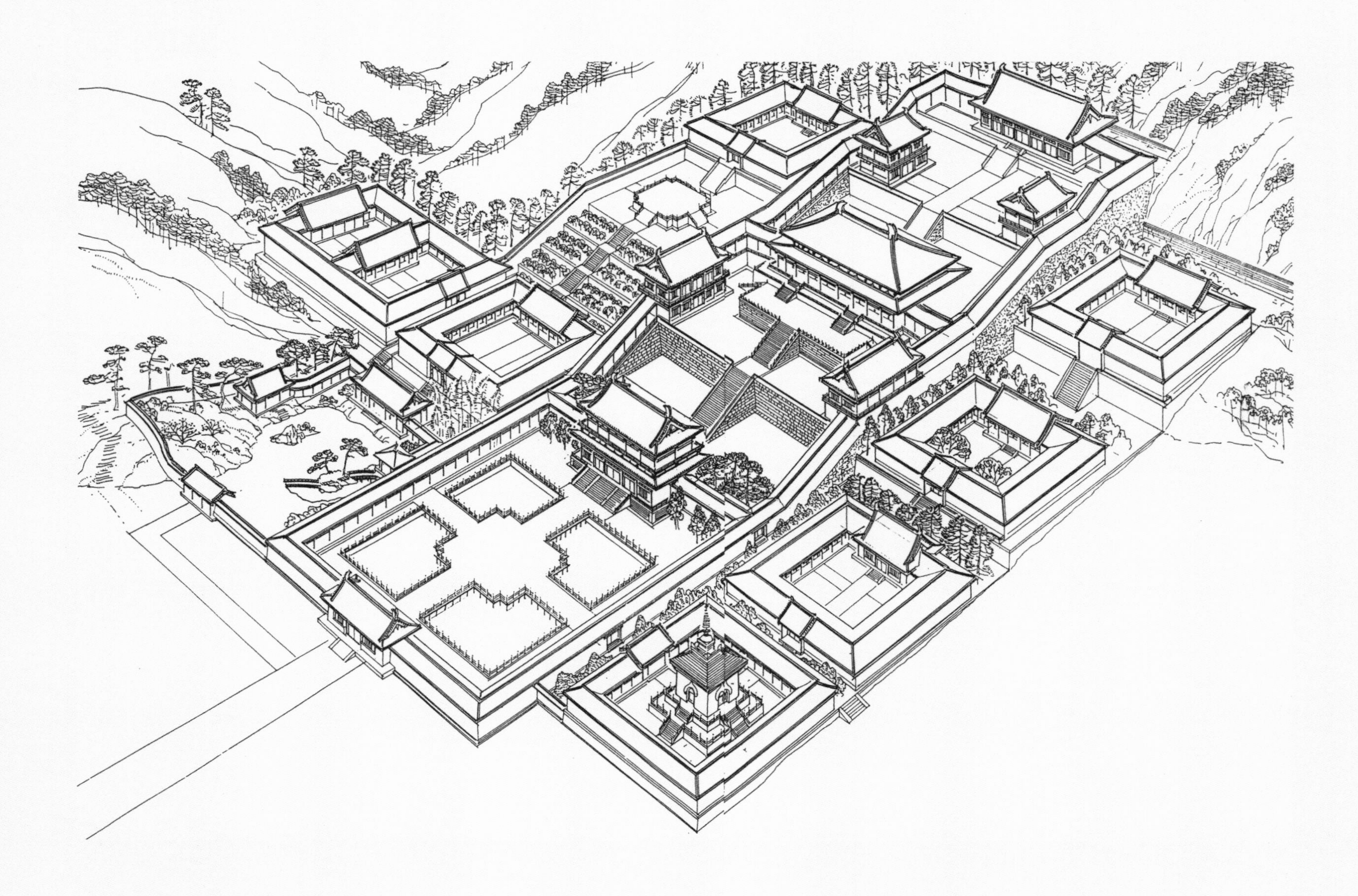

◦◦◦

古寺复原

1993 年

2

古　典　民　居

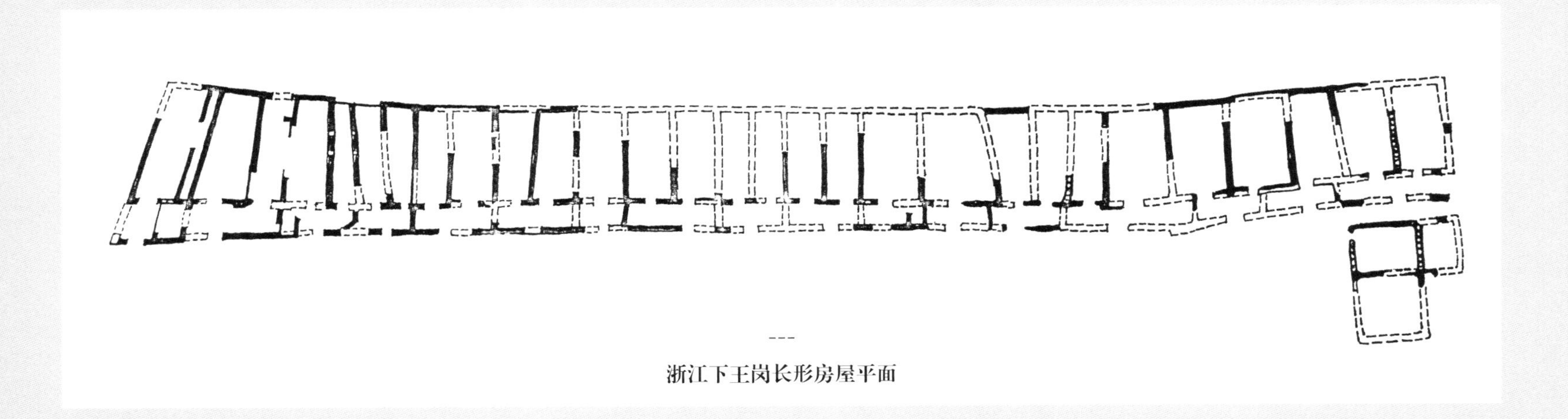

浙江下王岗长形房屋平面

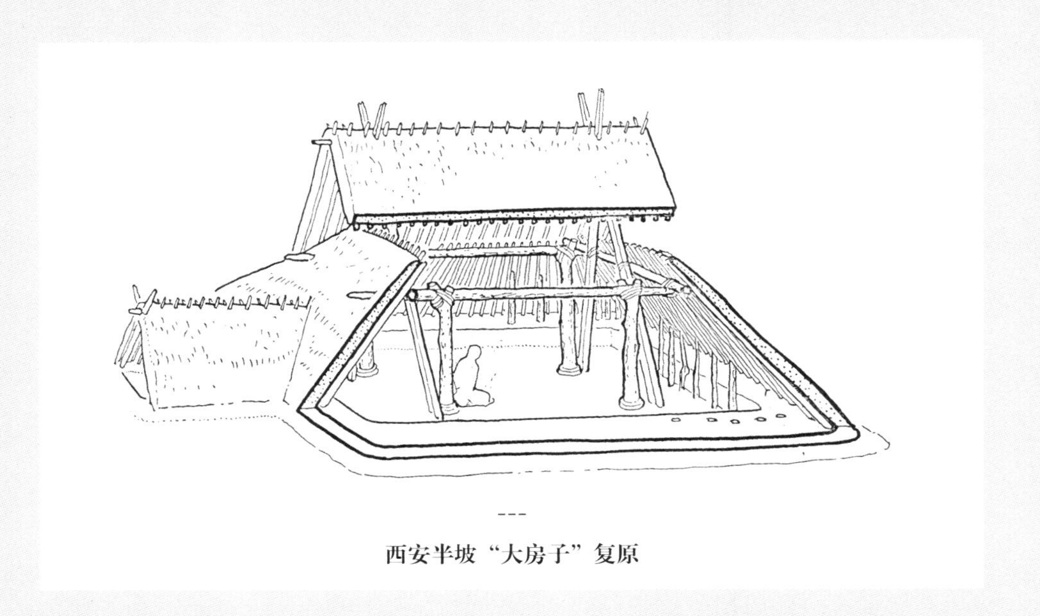

西安半坡“大房子”复原

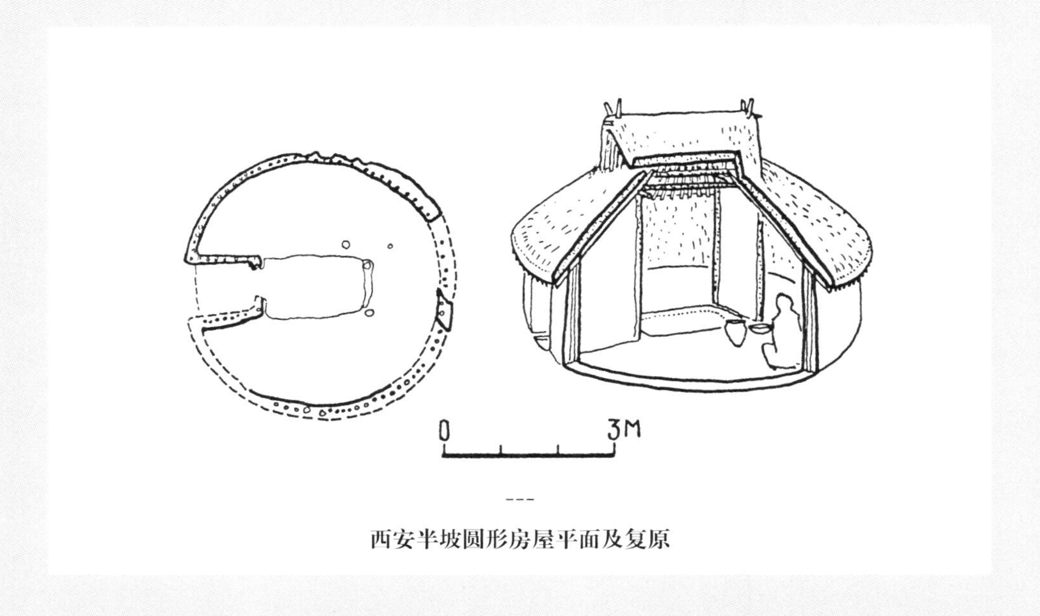

西安半坡圆形房屋平面及复原

原始社会住宅（一）

1975 年

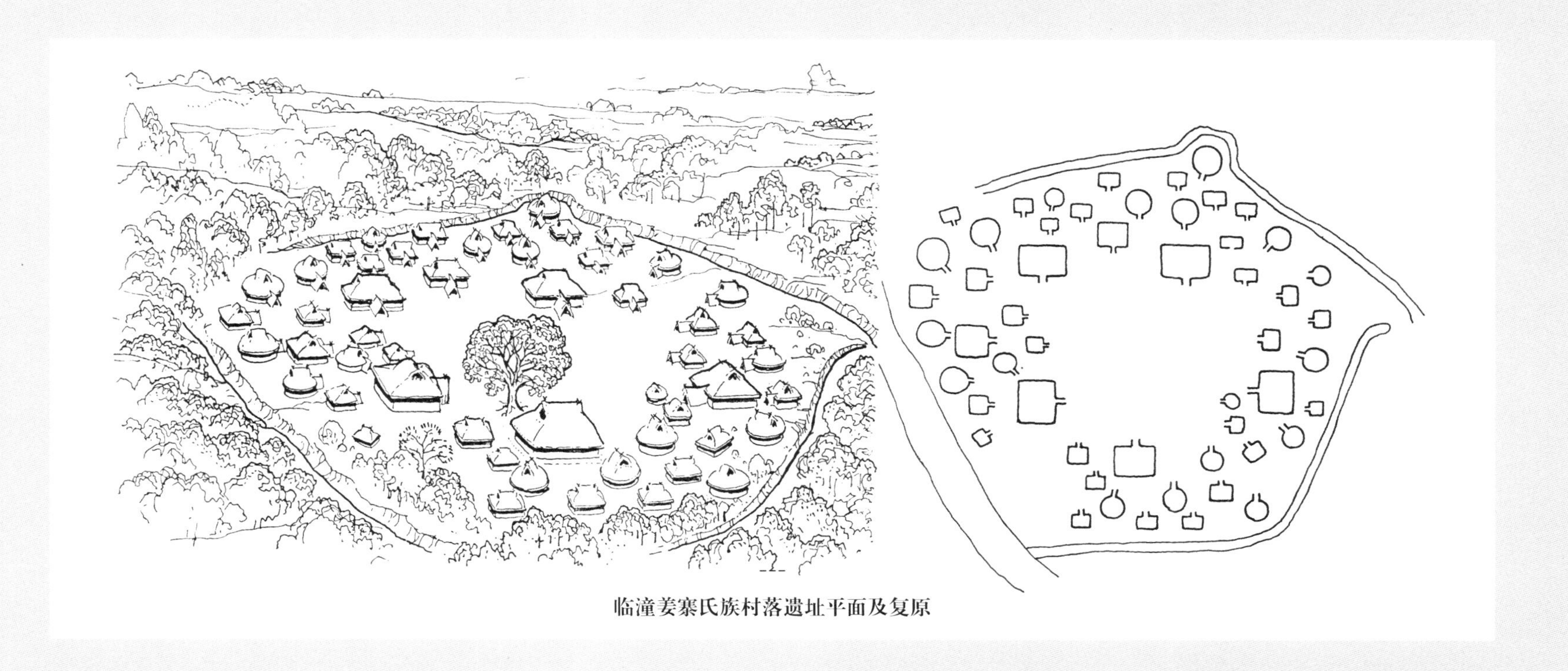

临潼姜寨氏族村落遗址平面及复原

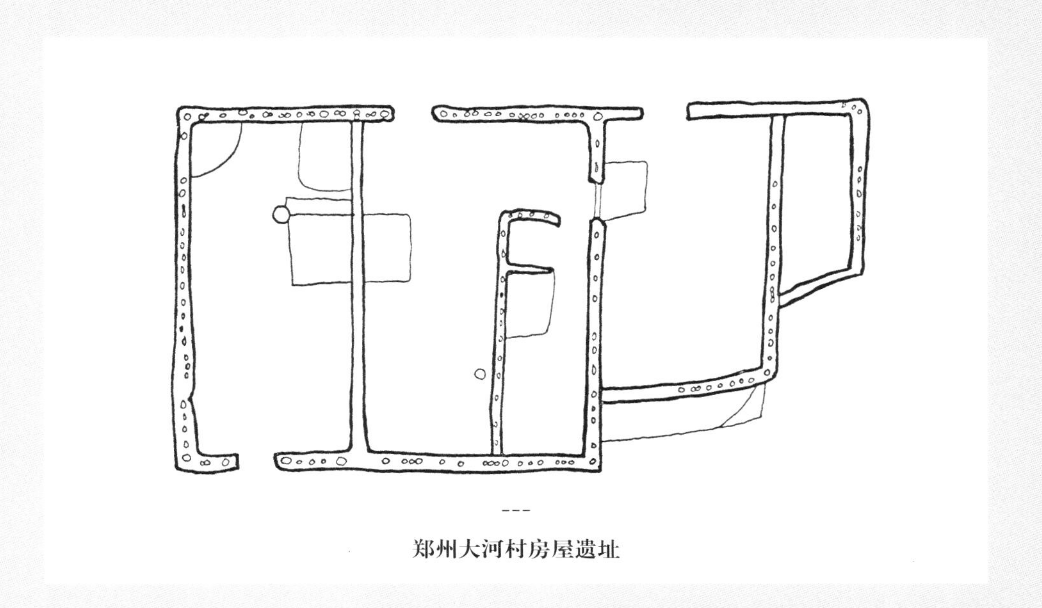

郑州大河村房屋遗址

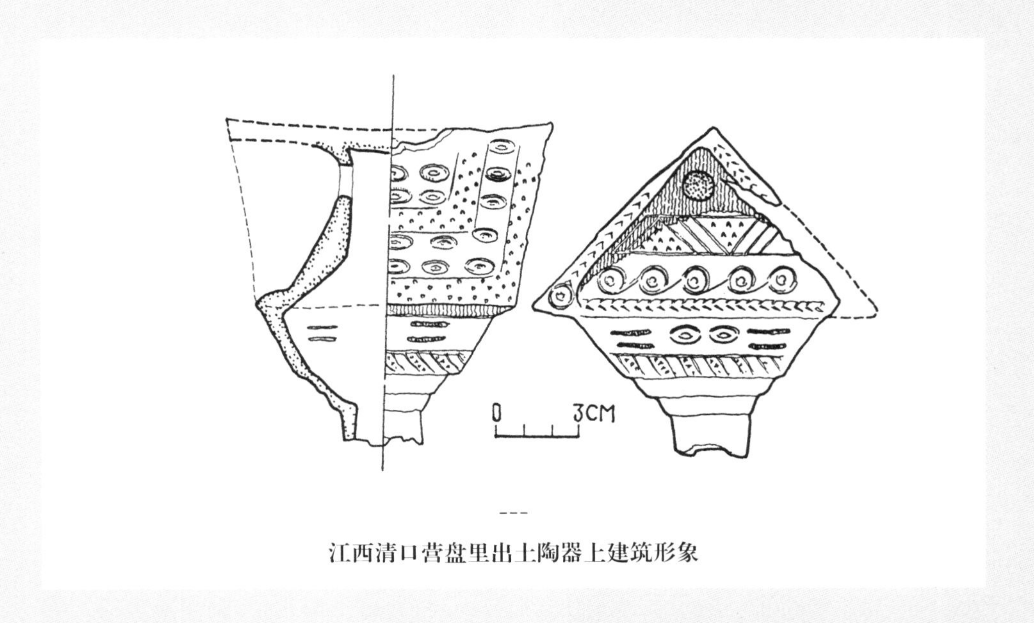

江西清口营盘里出土陶器上建筑形象

原始社会住宅（二）

1975 年

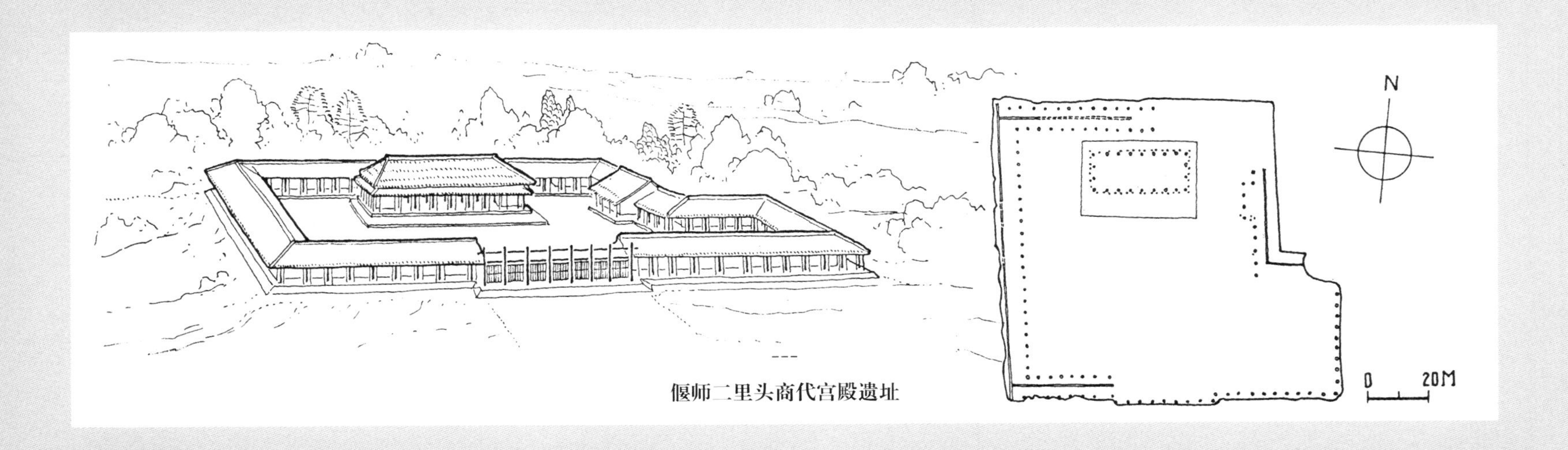

偃师二里头商代宫殿遗址

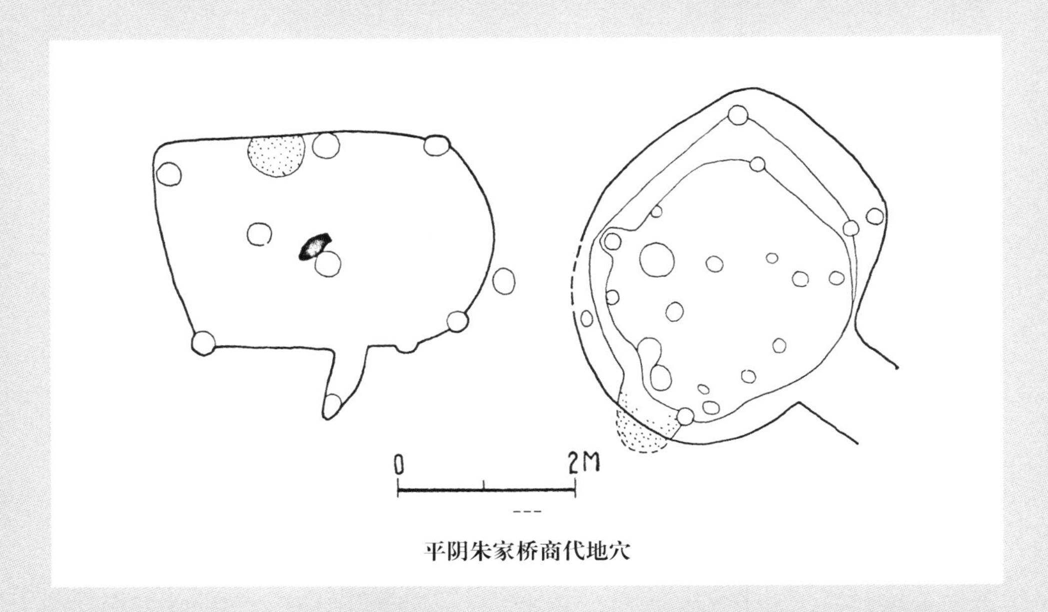

平阴朱家桥商代地穴

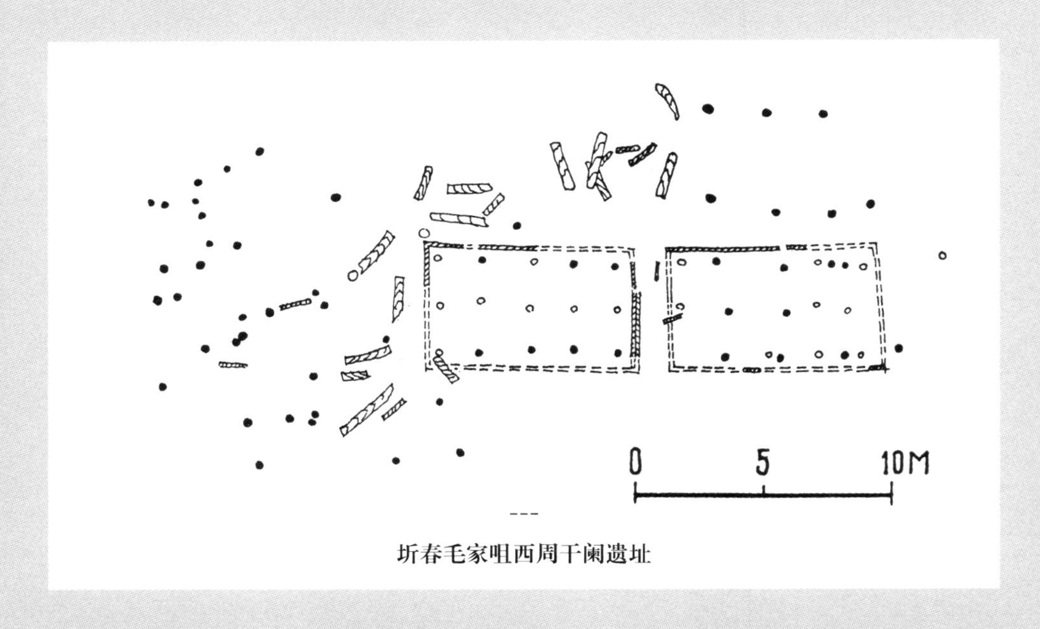

圻春毛家咀西周干阑遗址

○○○

商至战国住宅（一）

1975 年

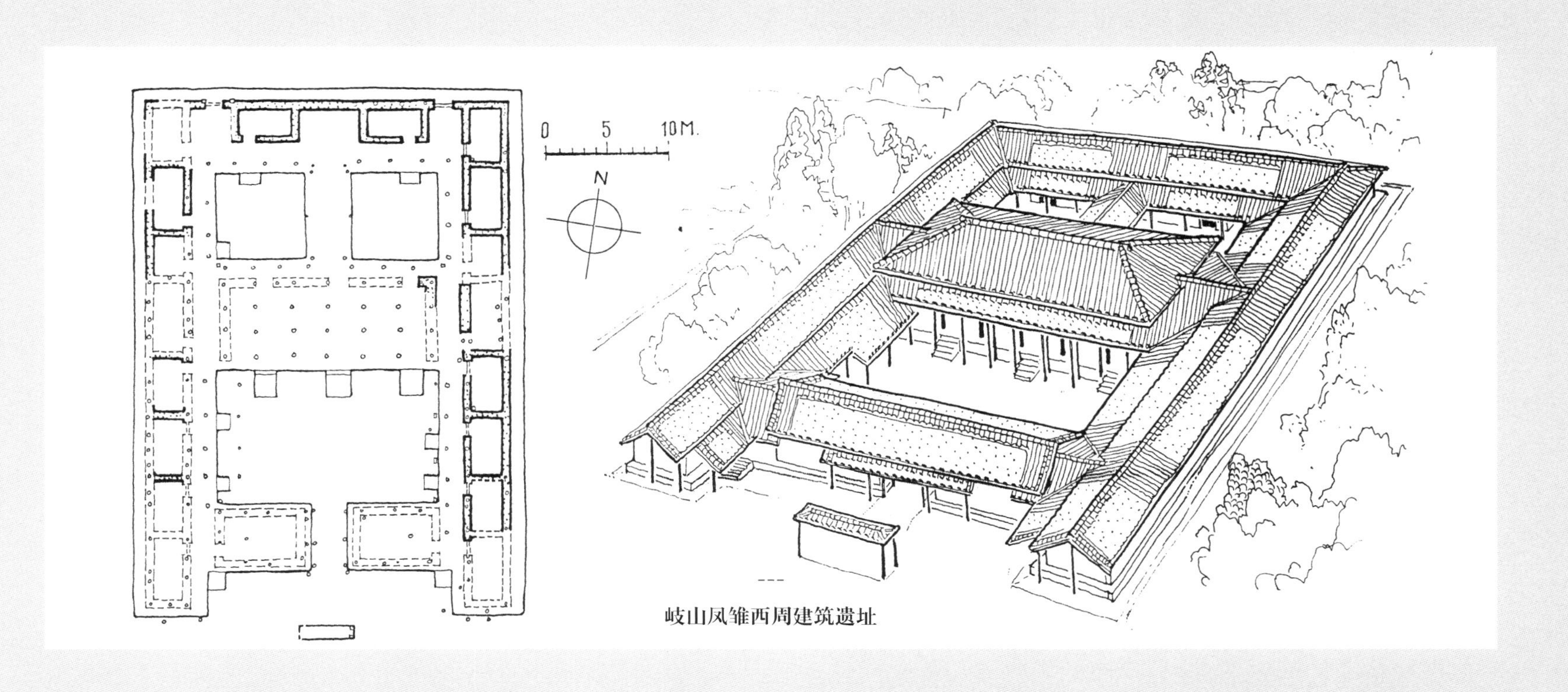

岐山凤雏西周建筑遗址

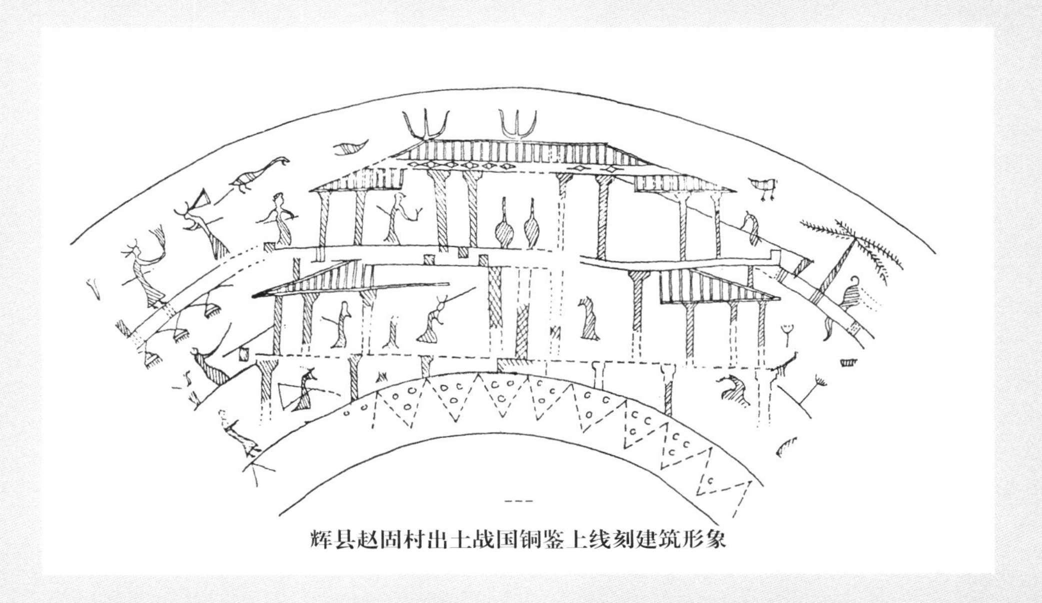

辉县赵固村出土战国铜鉴上线刻建筑形象

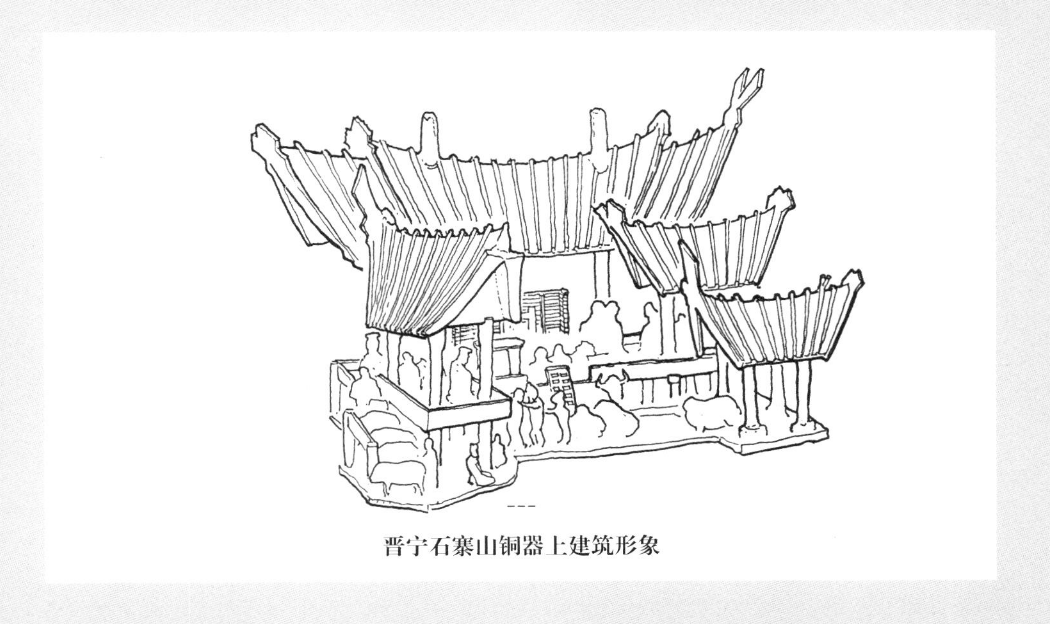

晋宁石寨山铜器上建筑形象

商至战国住宅（二）

1975 年

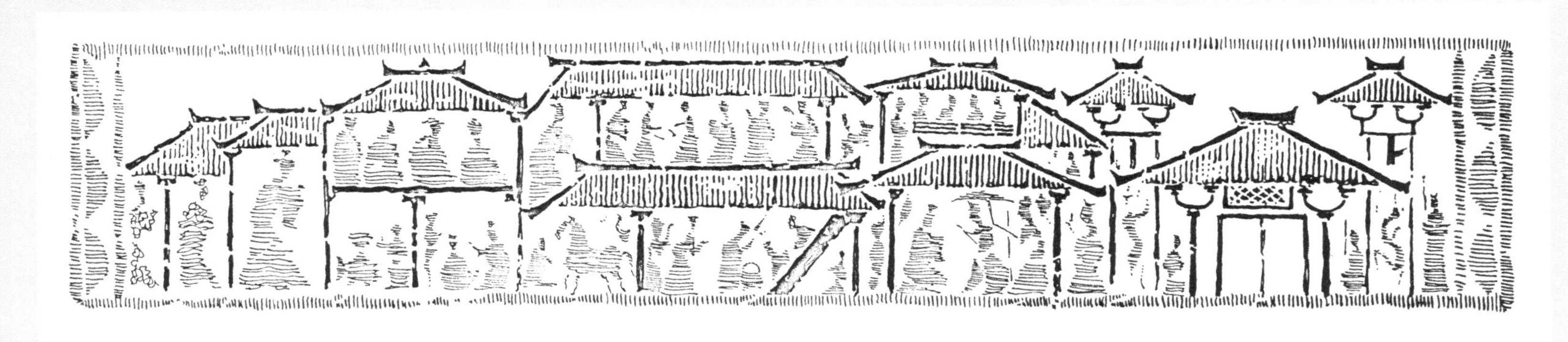

徐州茅村汉墓画像石上建筑

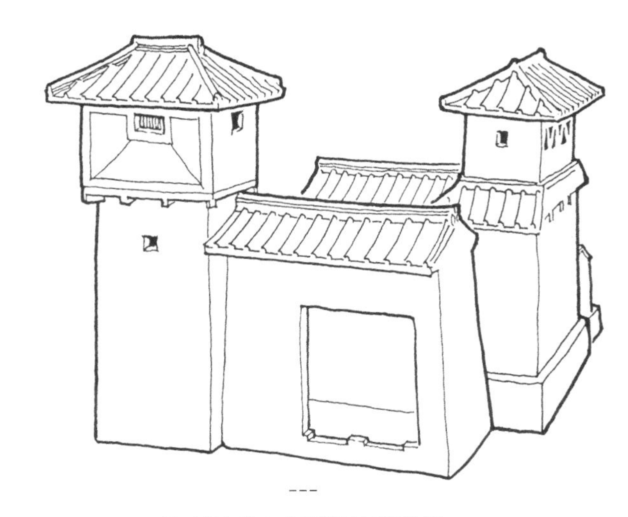

郑州汉墓出土明器建筑群组

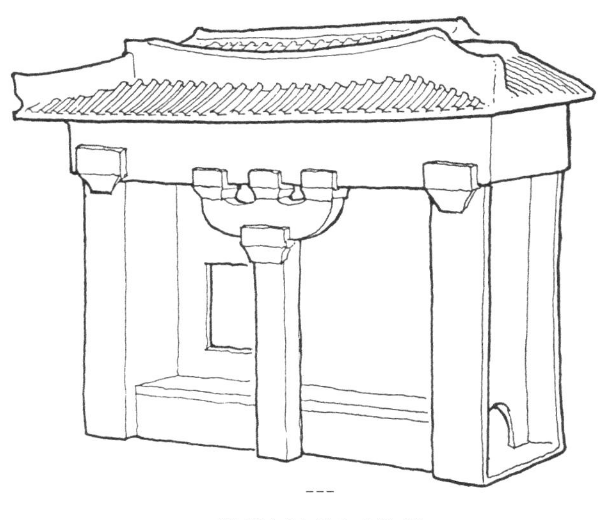

郑州东汉墓出土陶器

郑州出土空心砖上住宅庭院

汉代住宅（一）
1975 年

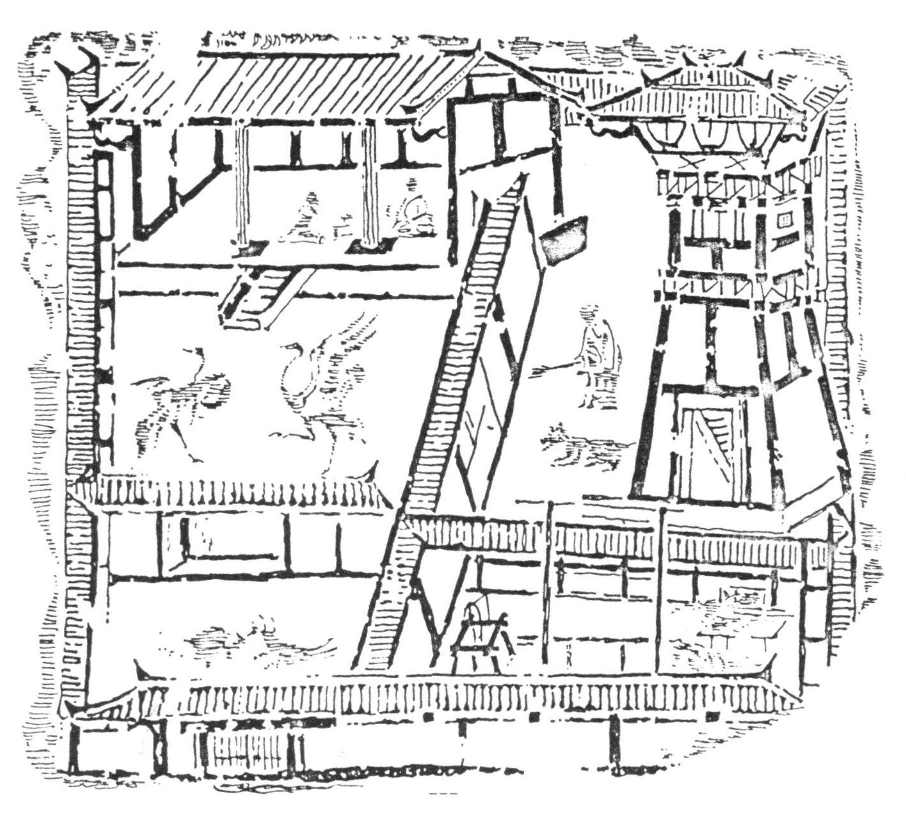

成都出土东汉画像砖上庭院

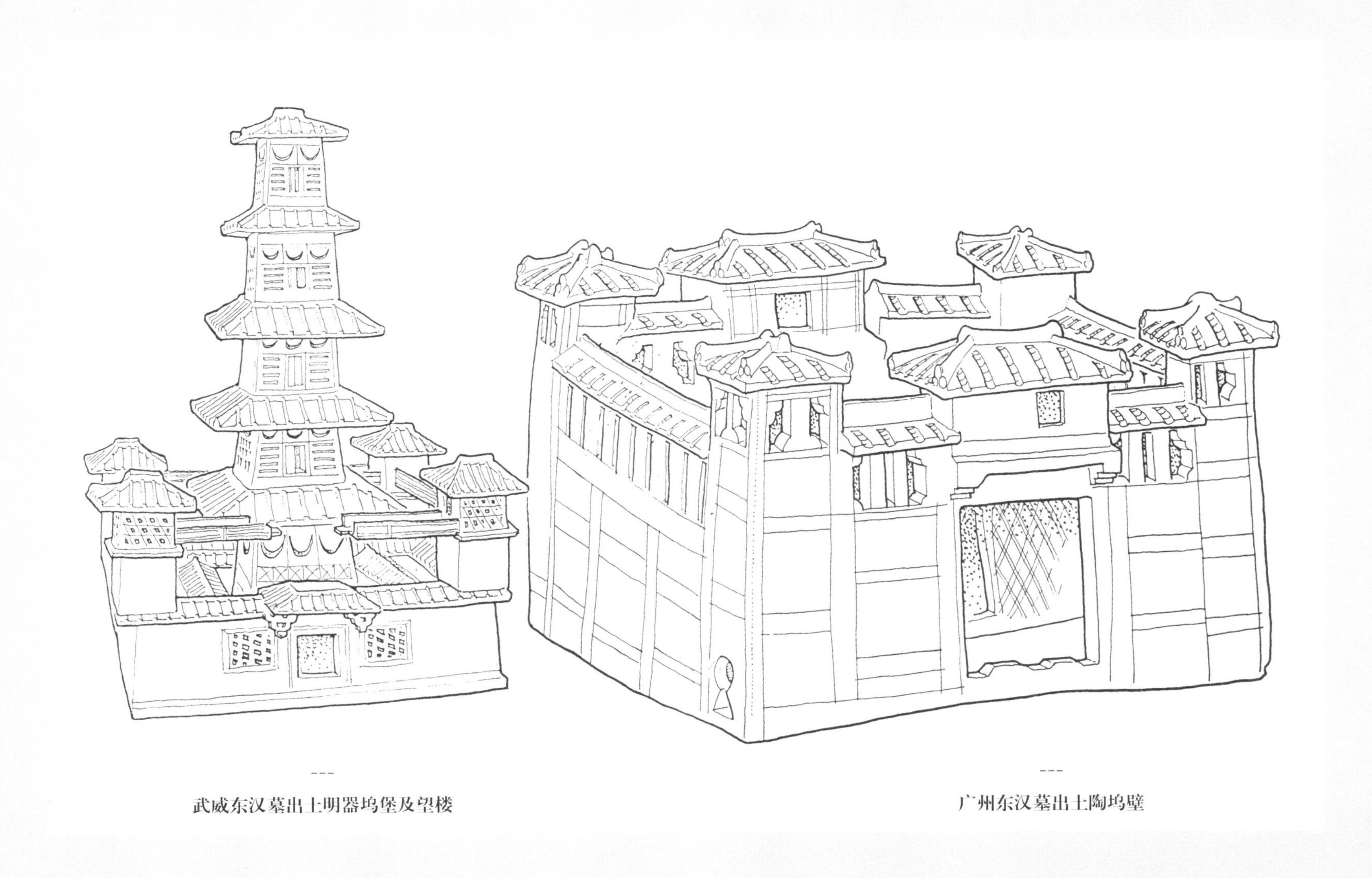

武威东汉墓出土明器坞堡及望楼

广州东汉墓出土陶坞壁

汉代住宅（二）
1975 年

洛阳北魏宁懋石室线刻住宅

敦煌第二百一十七窟唐壁画《得医图》中住宅

敦煌绢画佛降生图中住宅

南北朝、隋、唐住宅（一）

1975 年

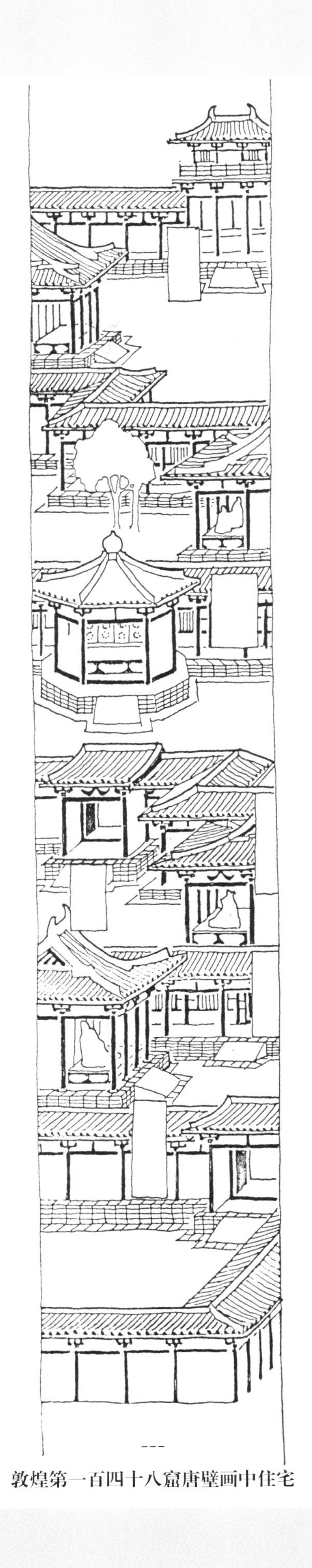

敦煌第一百四十八窟唐壁画中住宅

沁阳东魏造像碑上建筑

敦煌绢画佛传上建筑

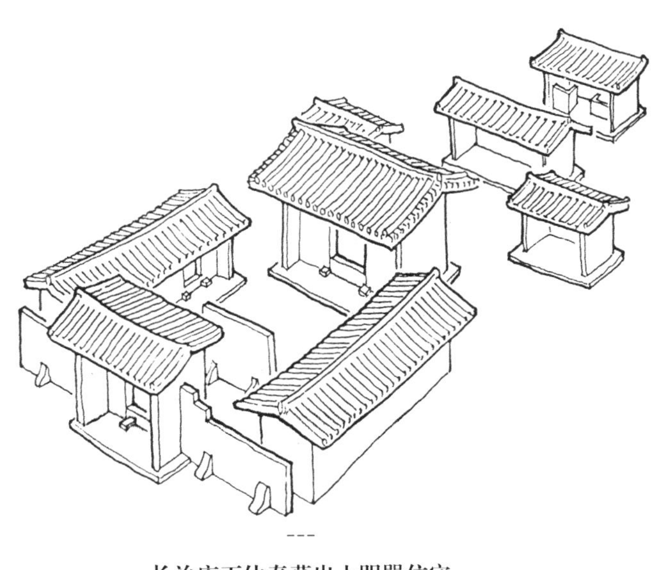

长治唐王休泰墓出土明器住宅

南北朝、隋、唐住宅（二）

1975 年

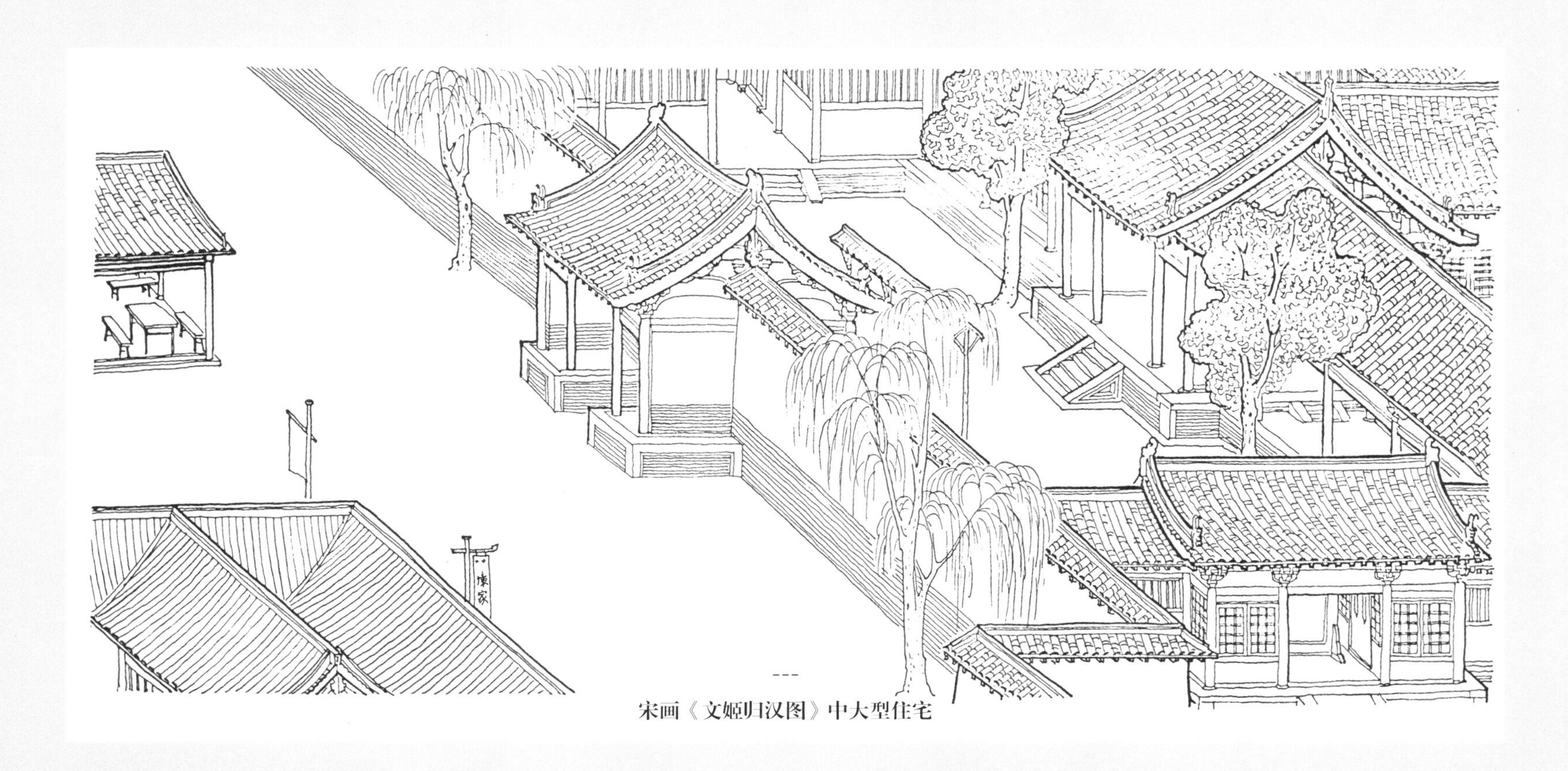

宋画《文姬归汉图》中大型住宅

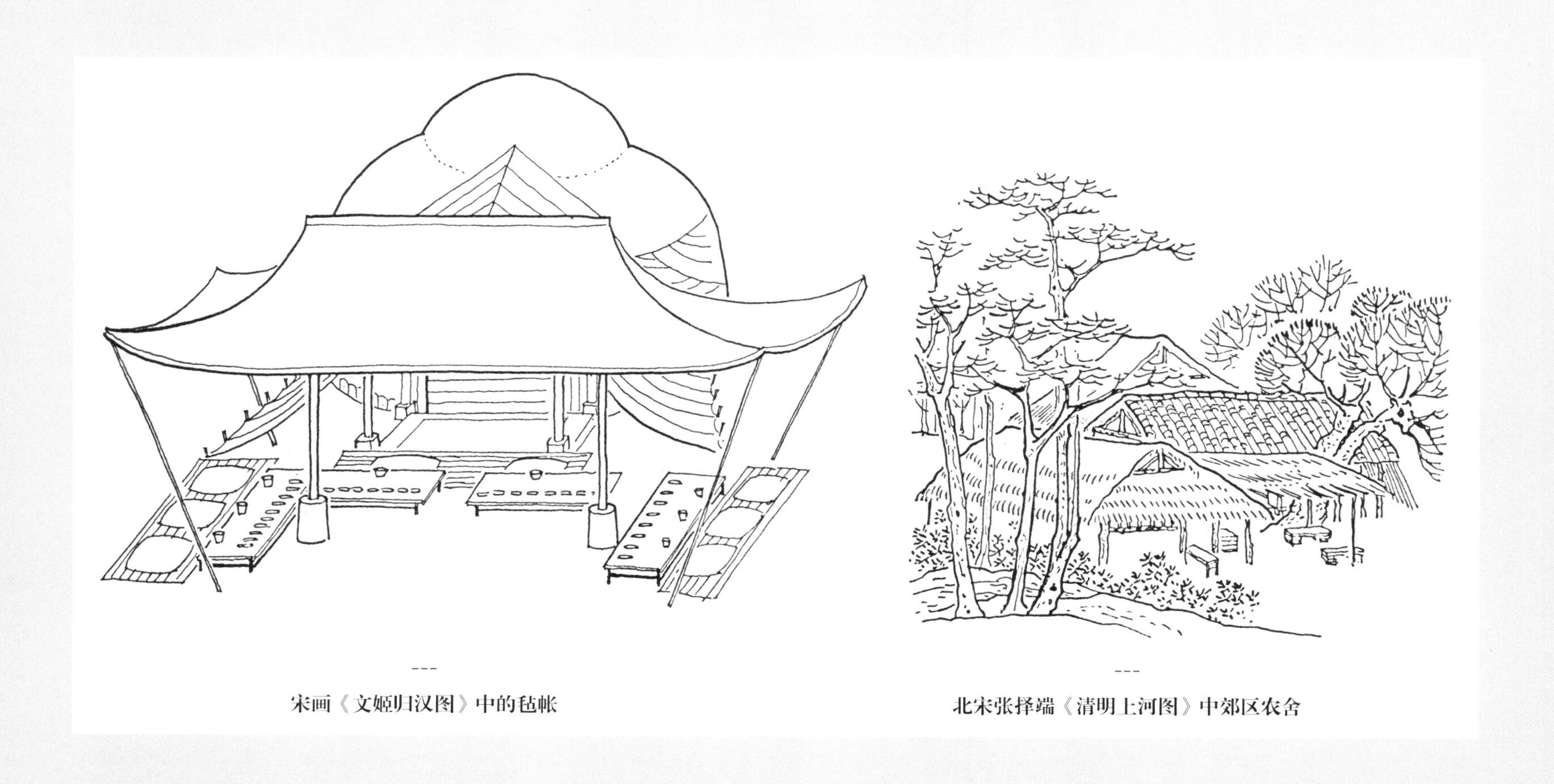

宋画《文姬归汉图》中的毡帐

北宋张择端《清明上河图》中郊区农舍

。。。

宋元住宅（一）

1975 年

高平开化寺宋代壁画中的草庐

芮城永乐宫纯阳殿元代壁画中住宅

宋元住宅（二）

1975年

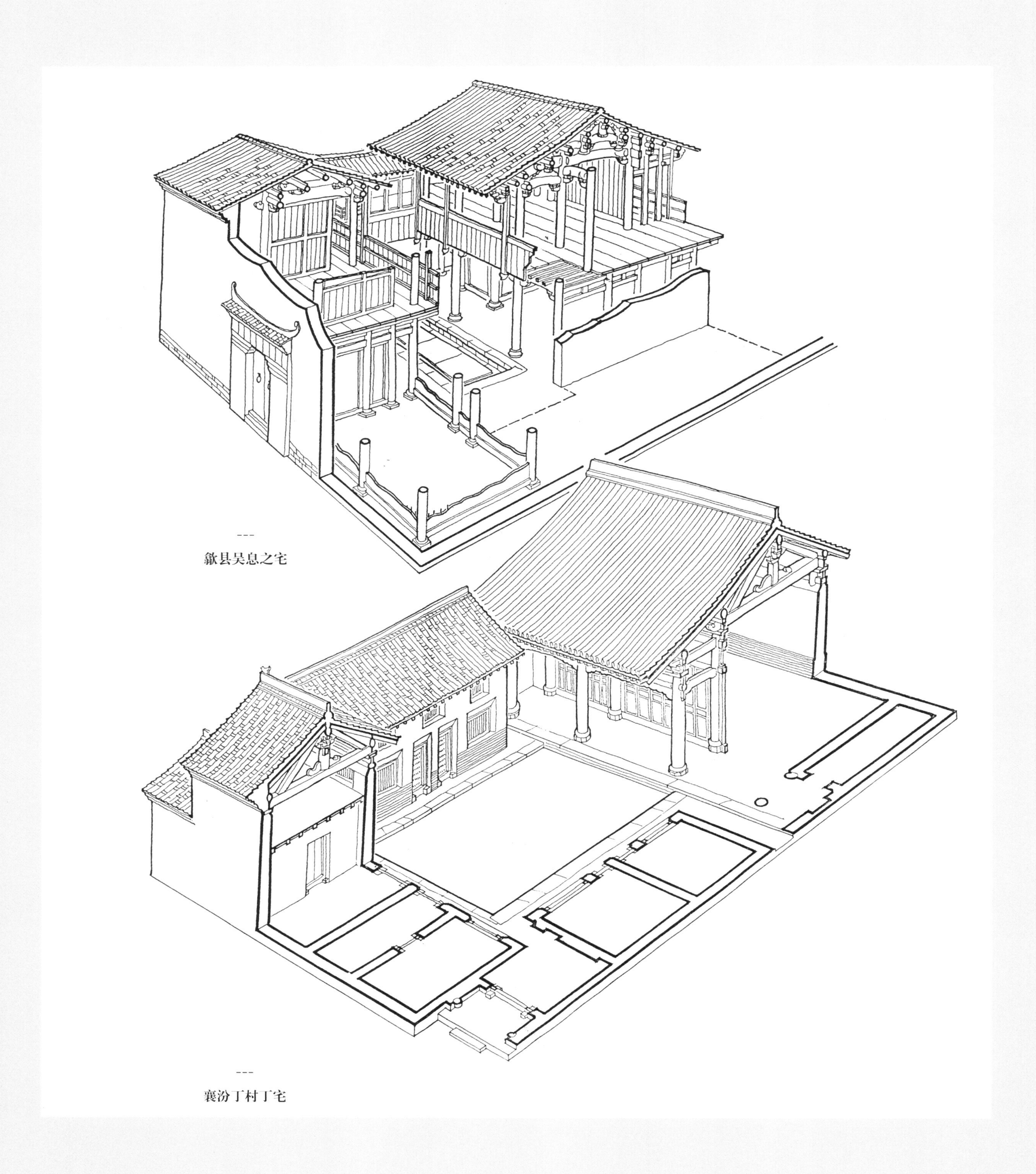

歙县吴息之宅

襄汾丁村丁宅

。。。

明代住宅

1975 年

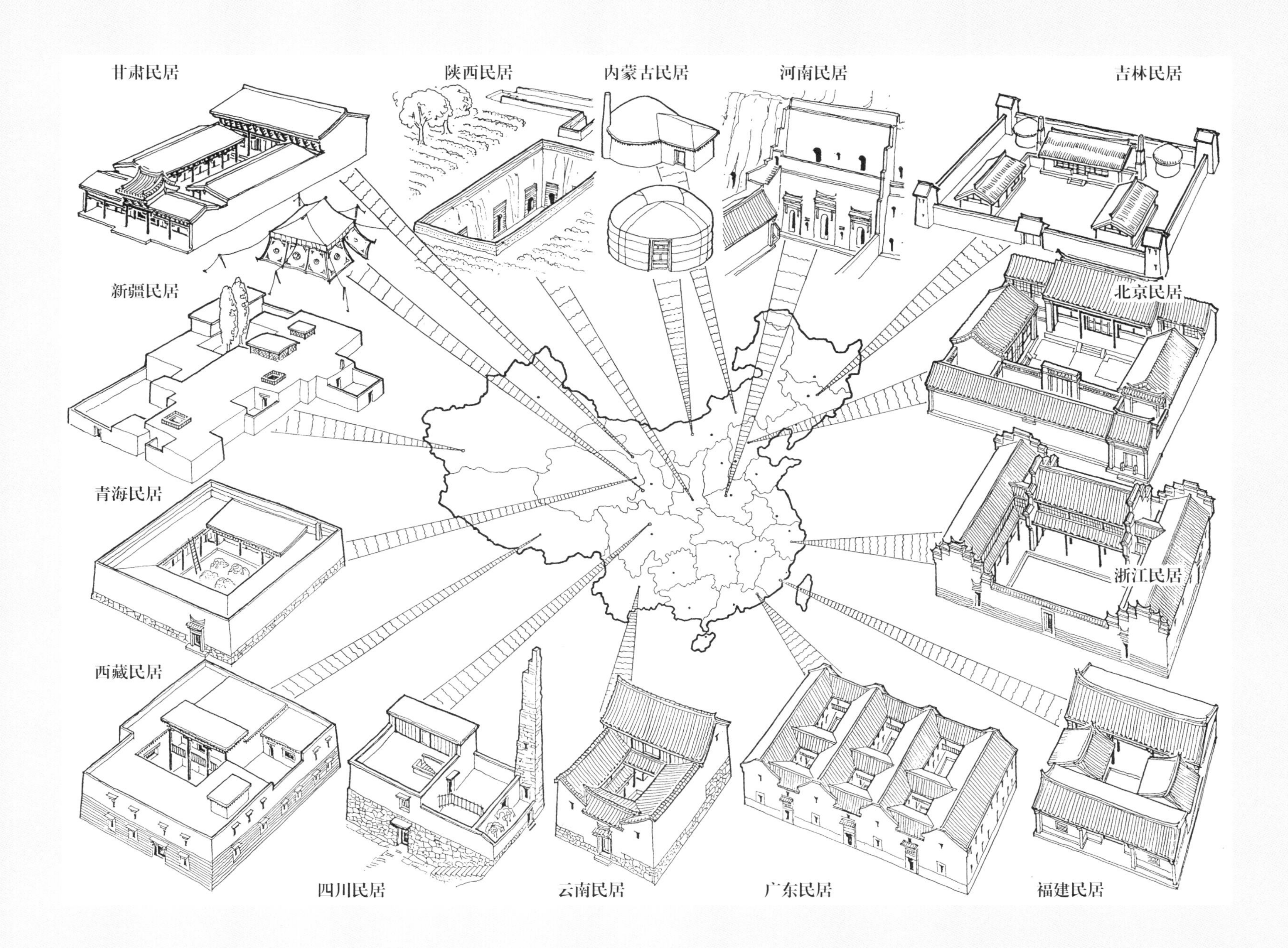

。。。

各地民居布置特点

1976年

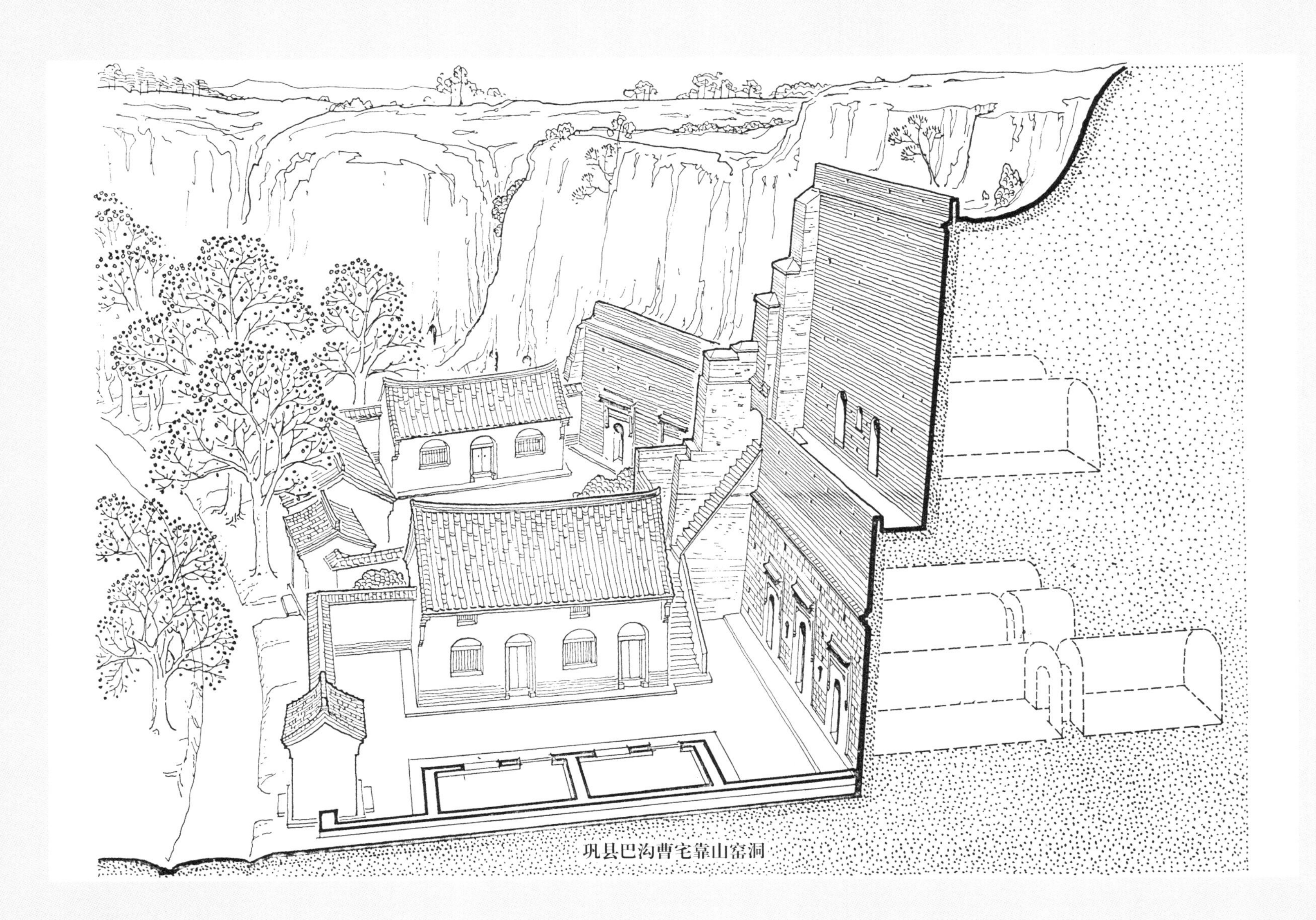

°°°

窑洞（一）

1975年

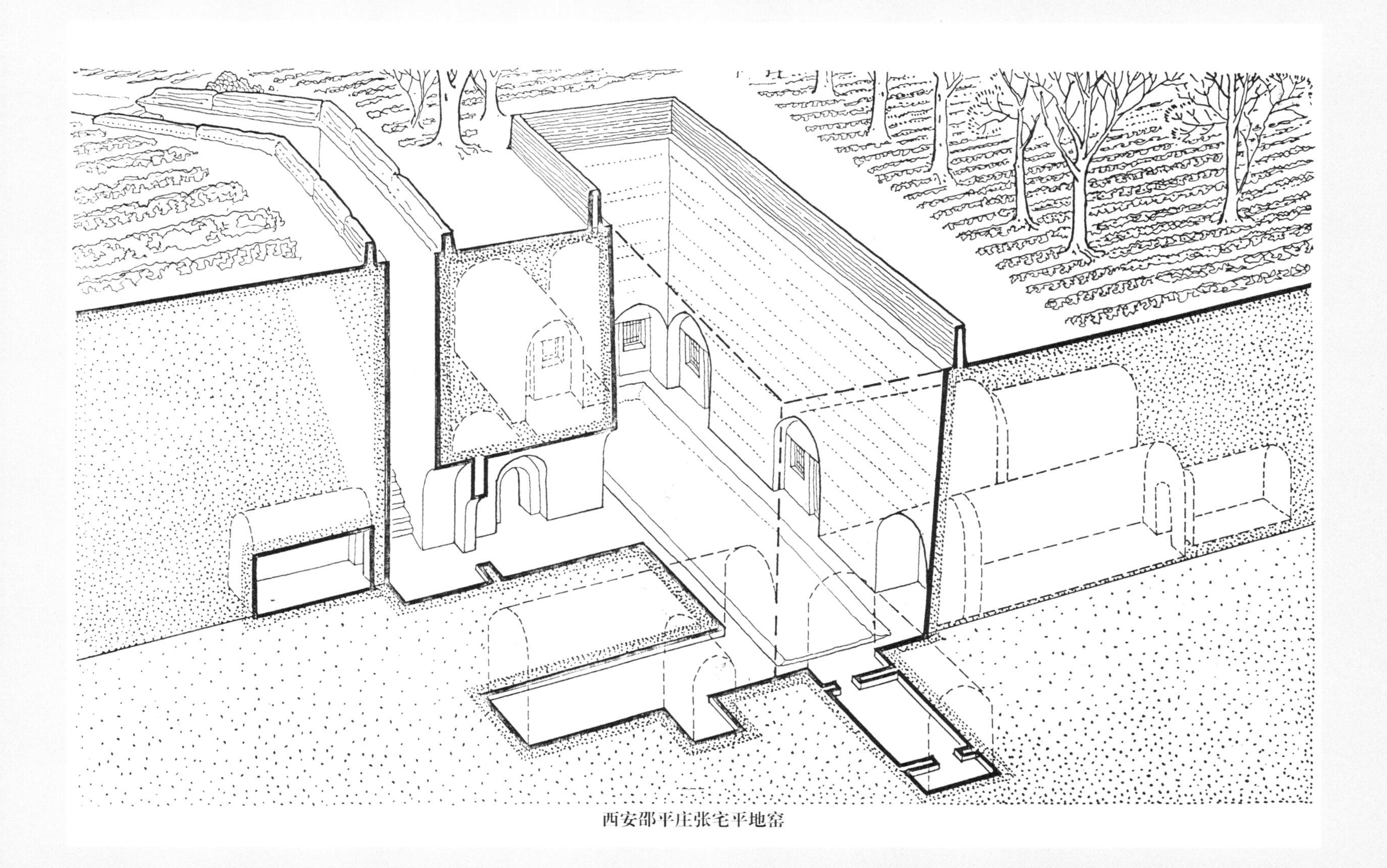

西安郜平庄张宅平地窑

。。。

窑洞（二）

1975 年

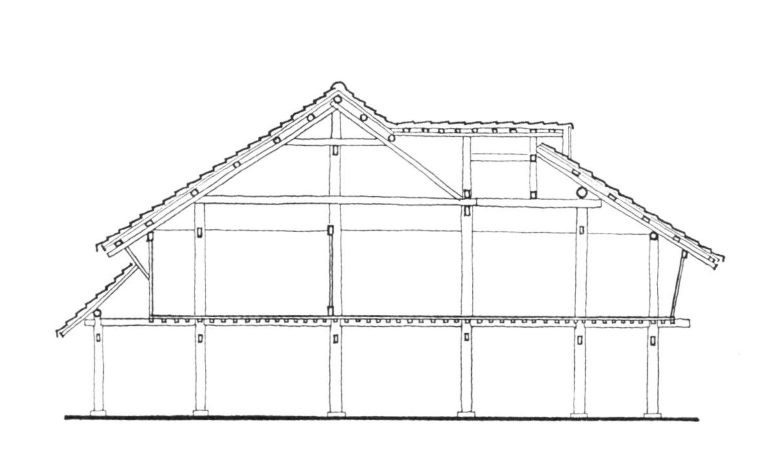

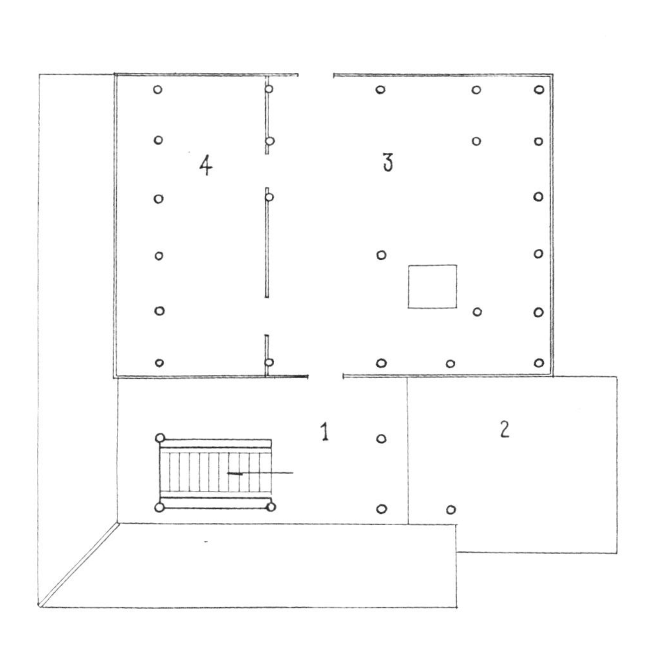

西双版纳景洪曼光龙傣族民居

。。。

干阑（一）

1975年

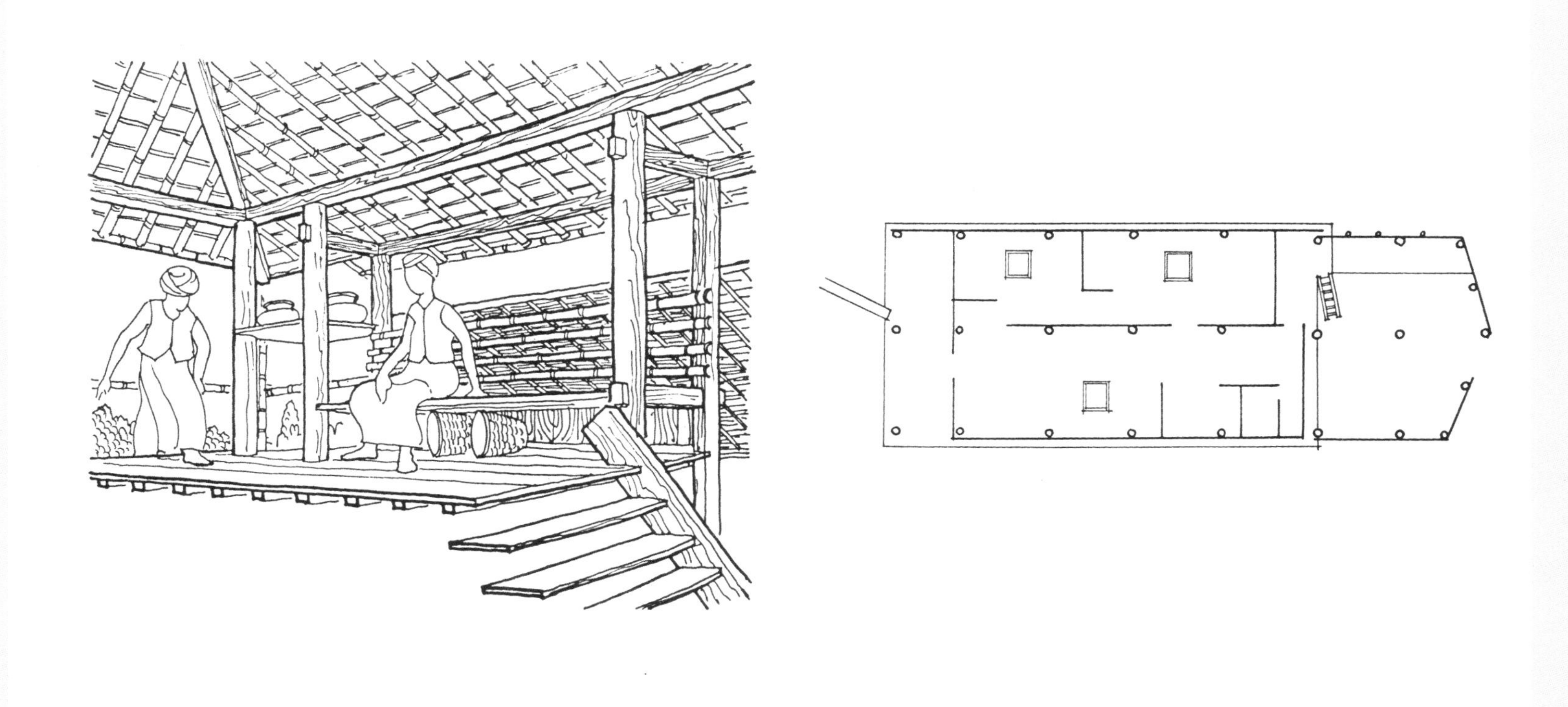

德宏芬戛同洛多寨景颇族民居

干阑（二）
1975年

龙胜麻阑剖面透视
1975 年

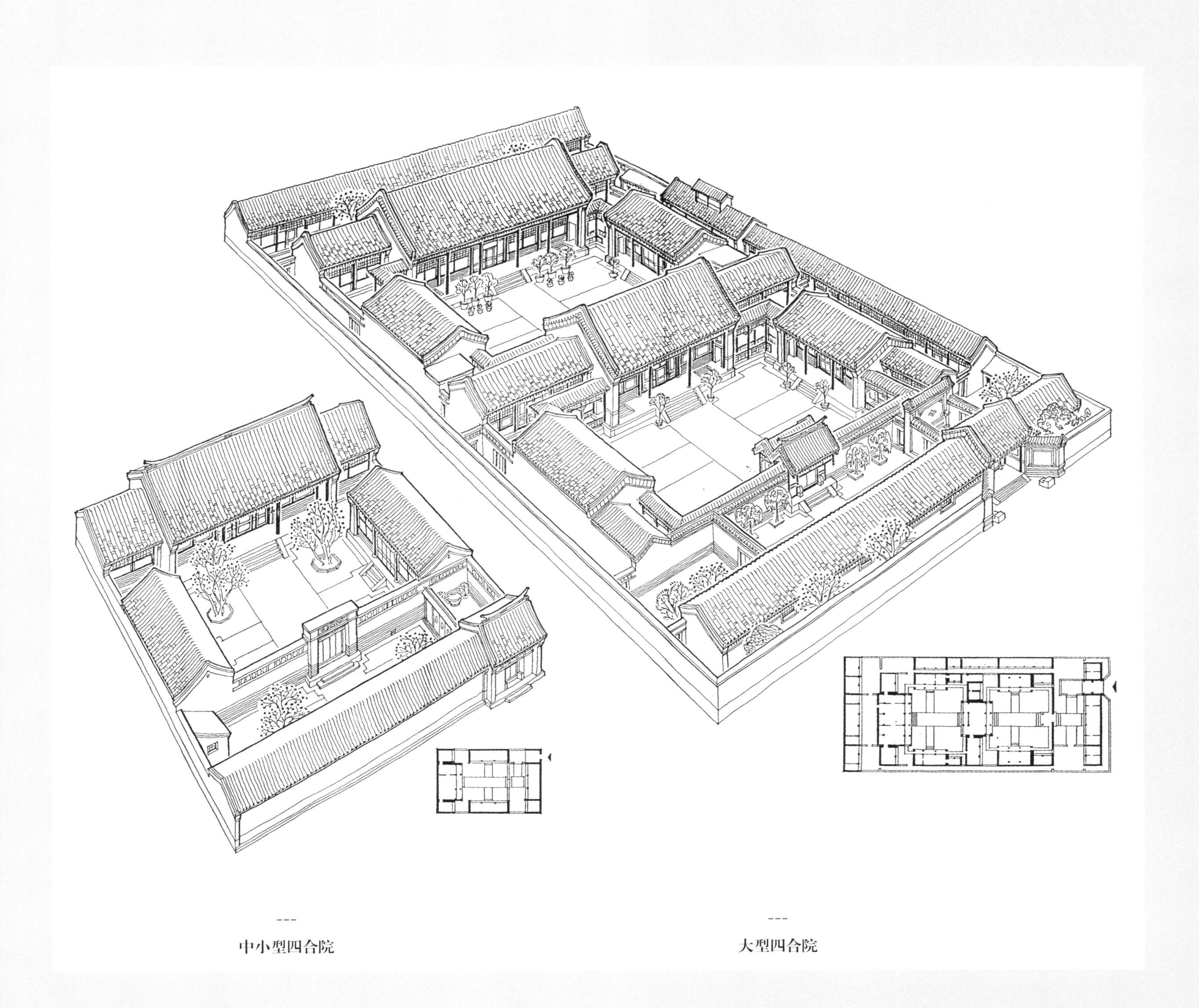

中小型四合院

大型四合院

。。。
北京四合院
1976 年

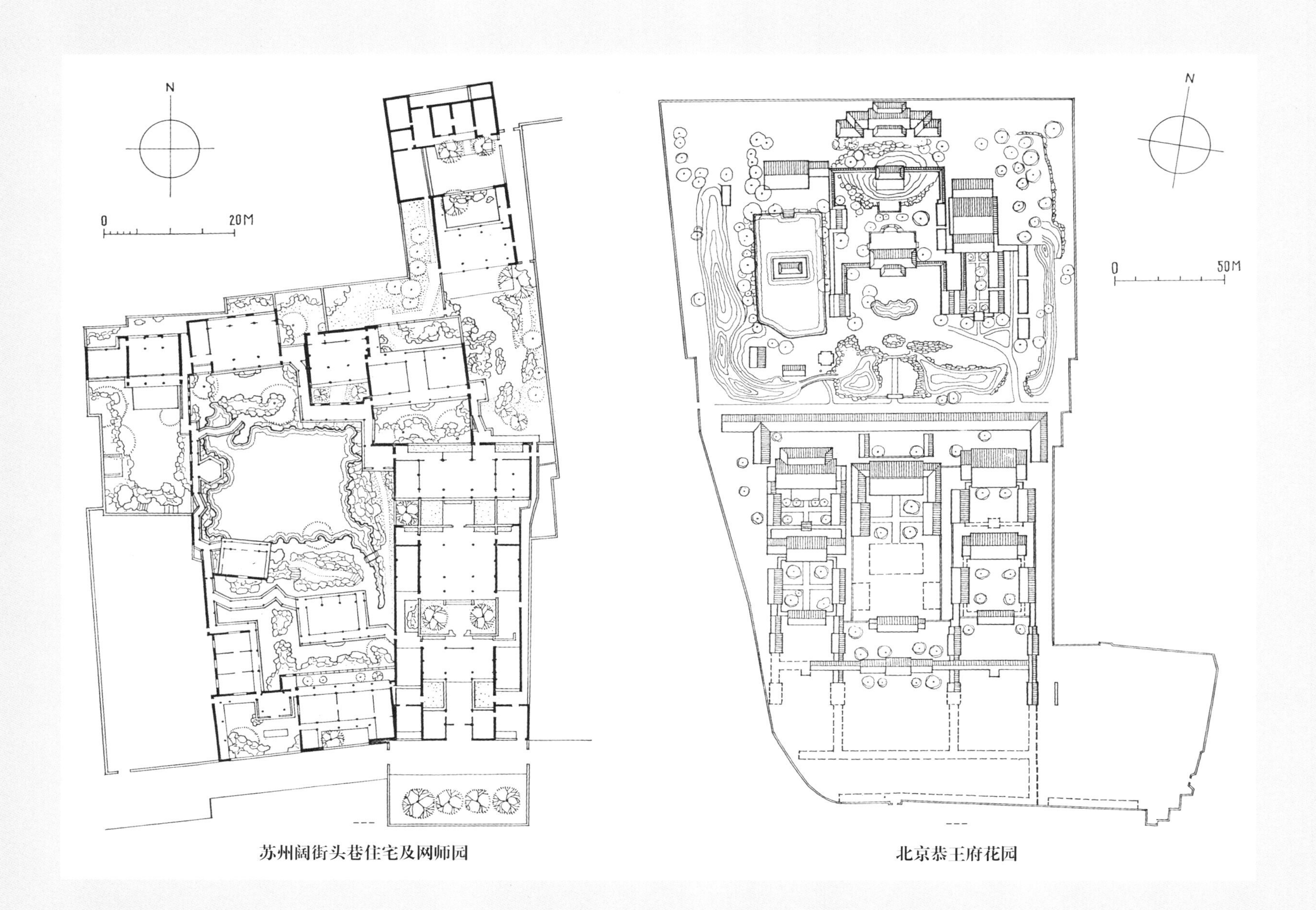

苏州阔街头巷住宅及网师园

北京恭王府花园

。。。

府第与宅园

1975 年

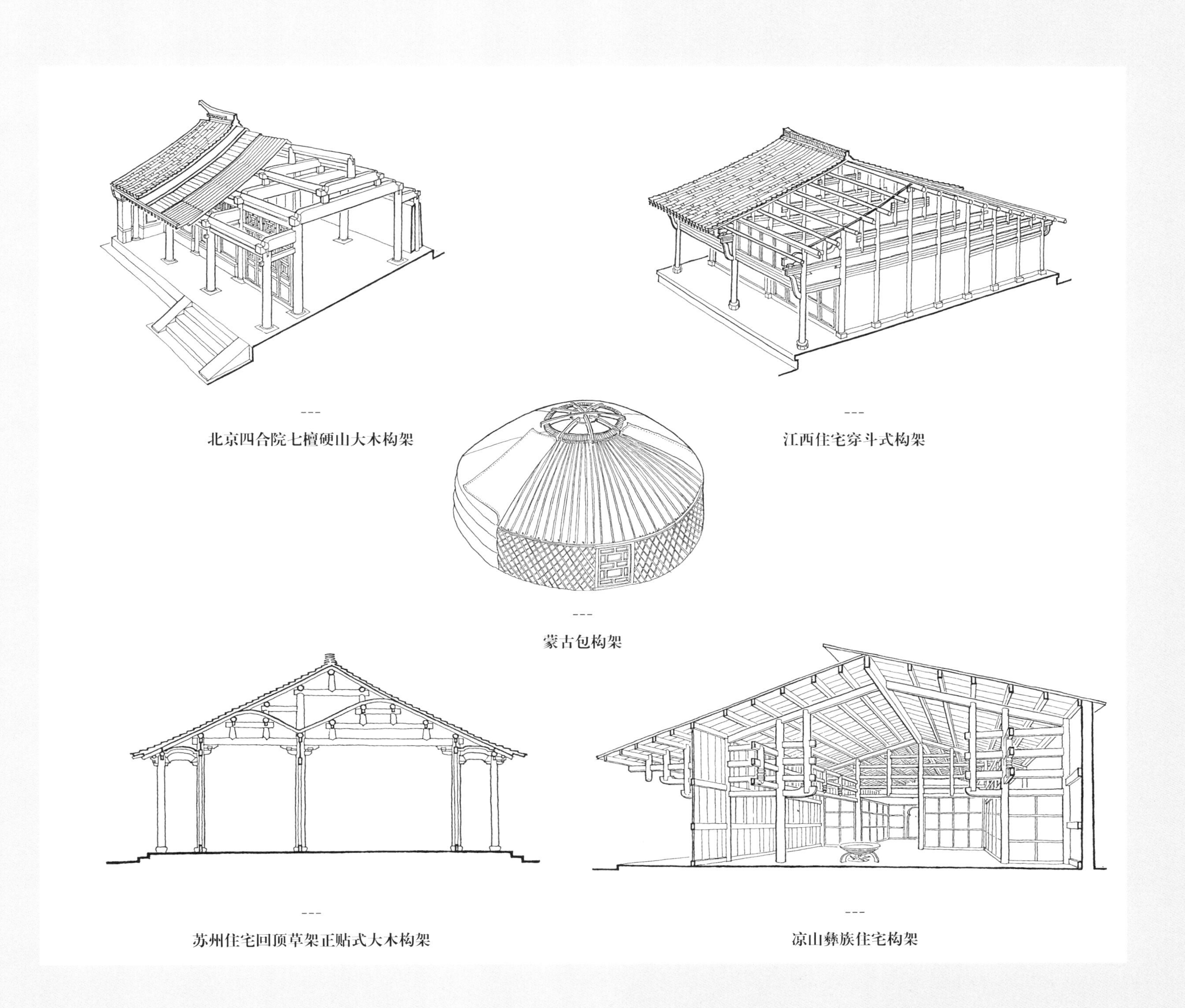

北京四合院七檩硬山大木构架

江西住宅穿斗式构架

蒙古包构架

苏州住宅回顶草架正贴式大木构架

凉山彝族住宅构架

。。。

各类民居构造

1976年

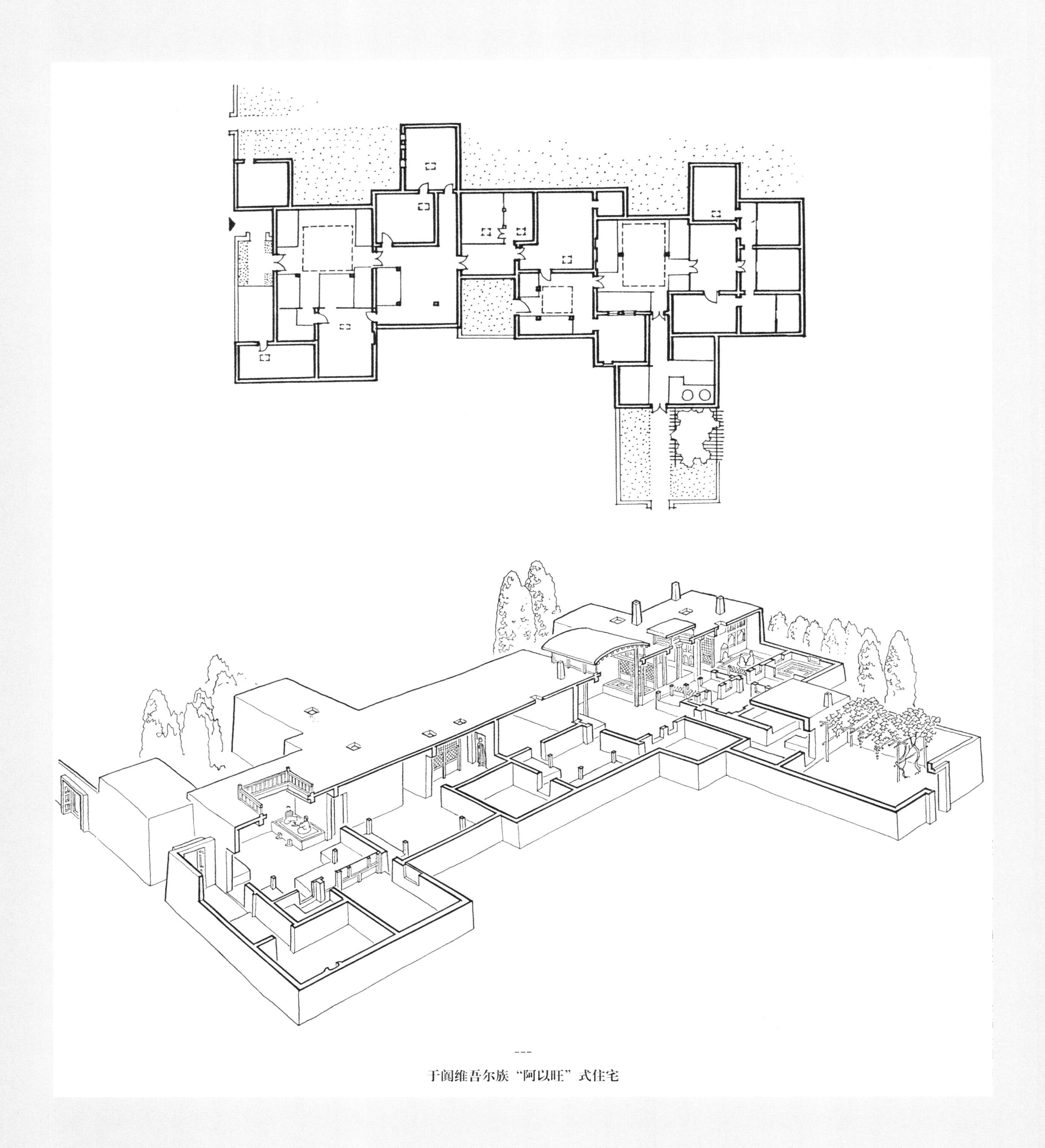

于阗维吾尔族“阿以旺”式住宅

。。。

密梁平顶构架住宅（一）

1975 年

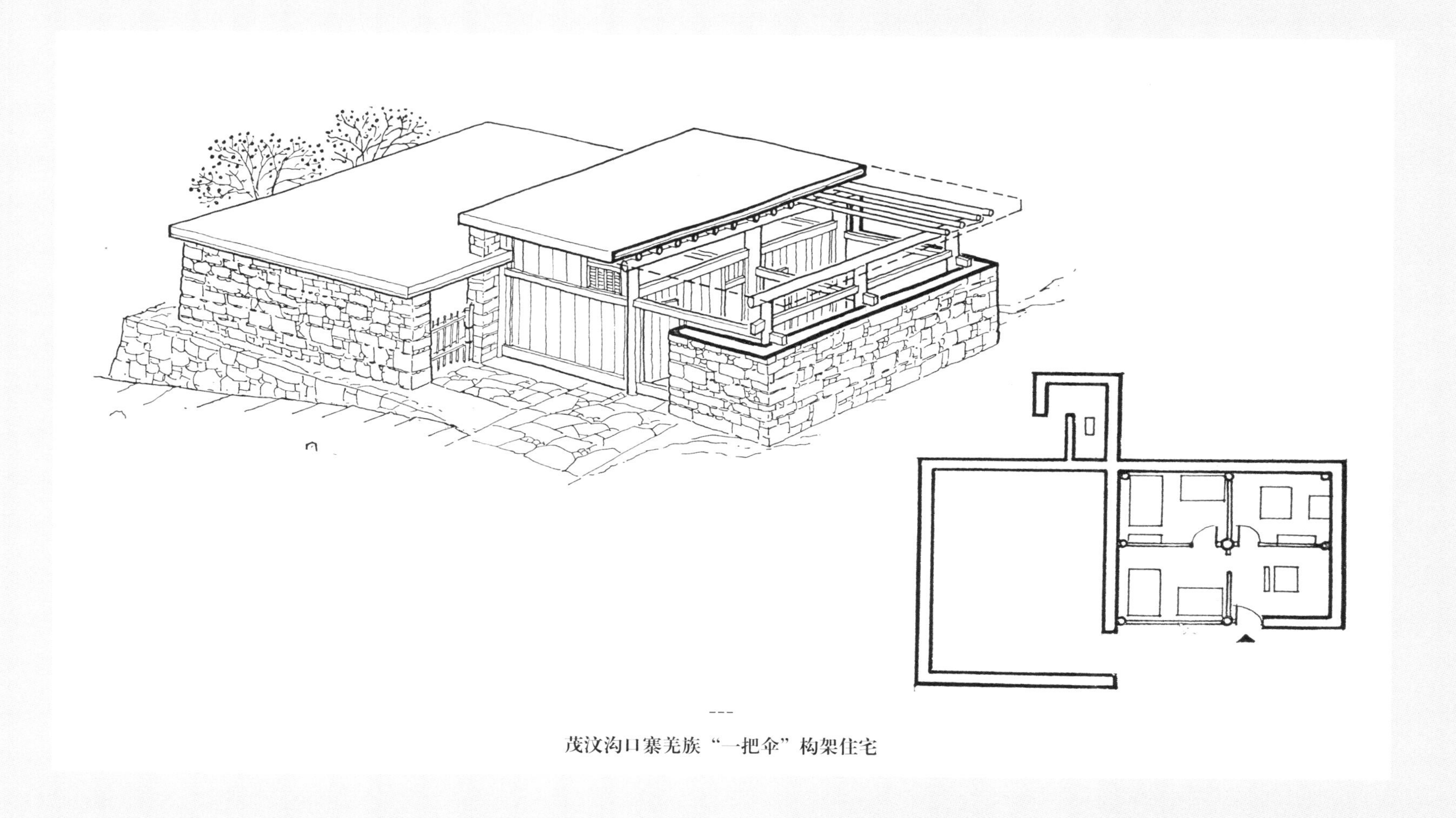

茂汶沟口寨羌族“一把伞”构架住宅

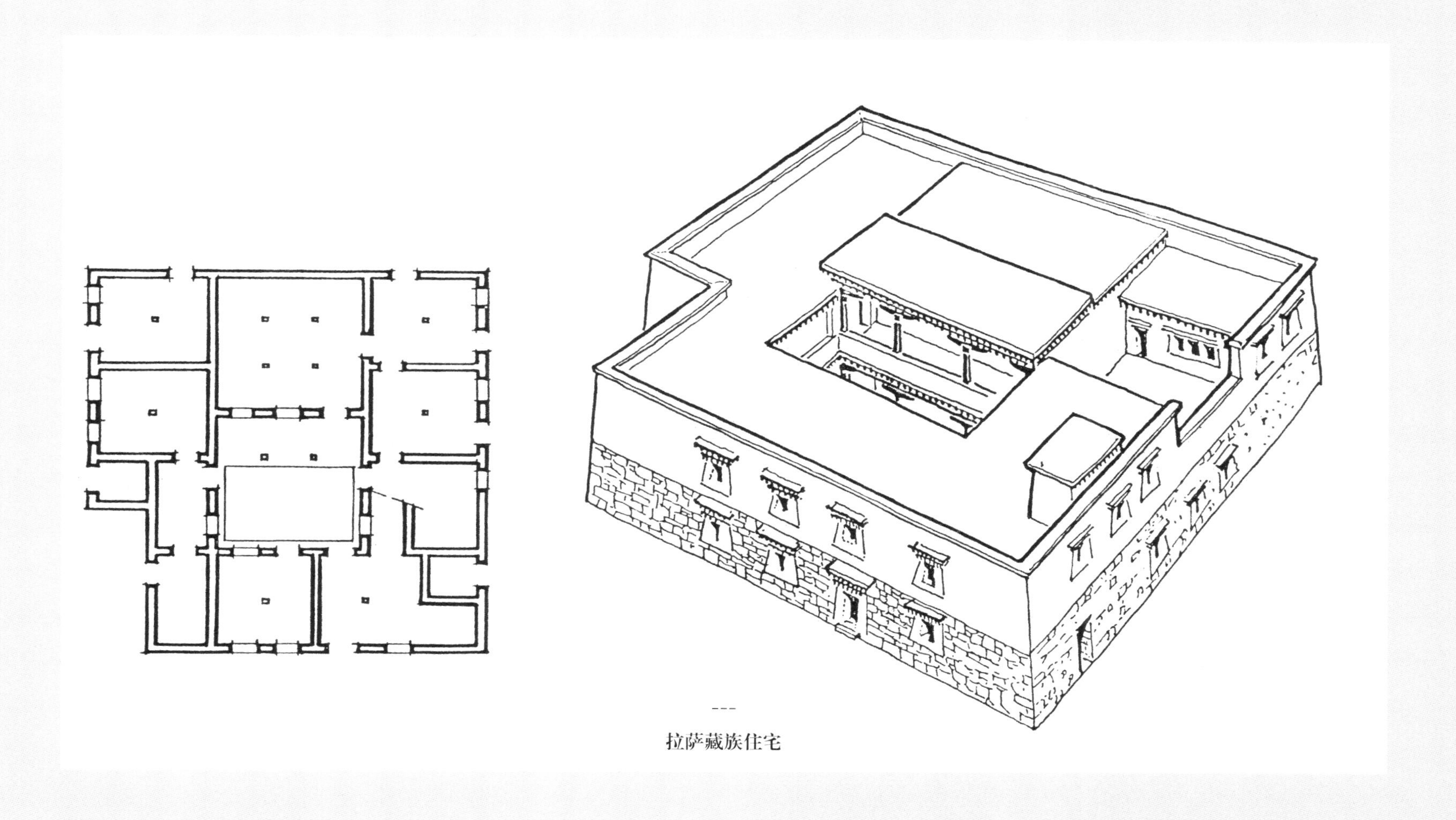

拉萨藏族住宅

密梁平顶构架住宅（二）

1975 年

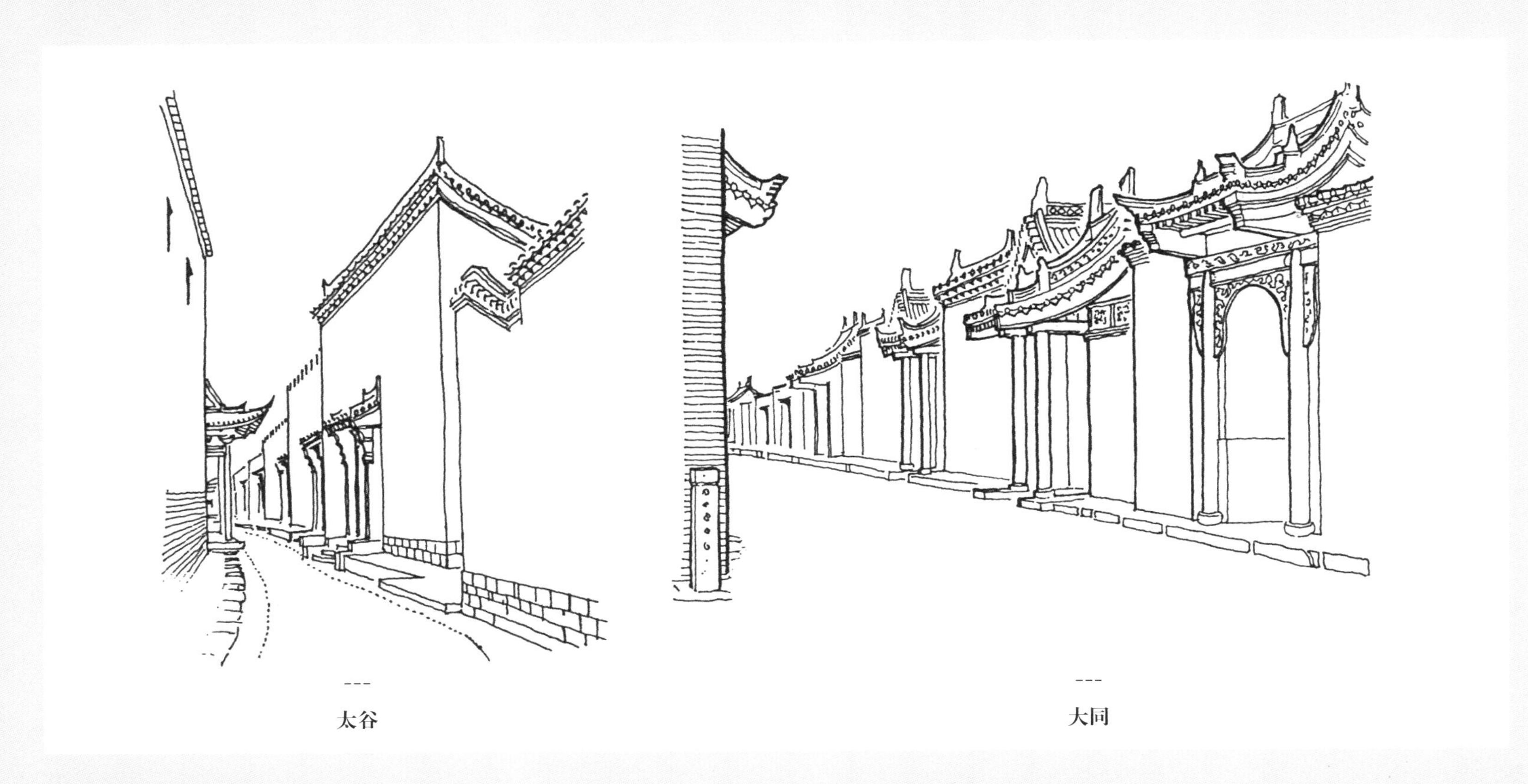

太谷

大同

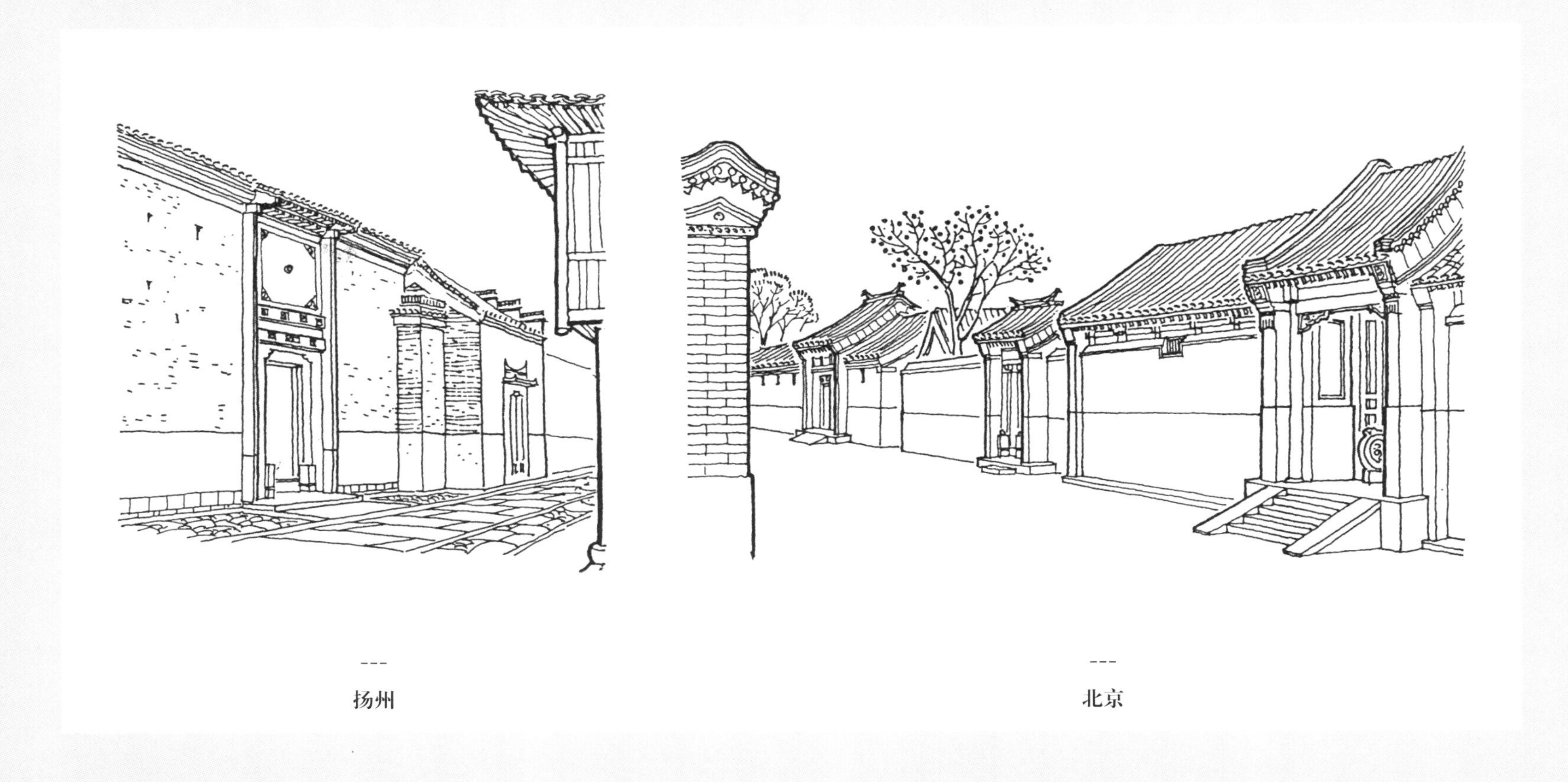

扬州

北京

。。。

各地民居外观（一）
1976年

永定

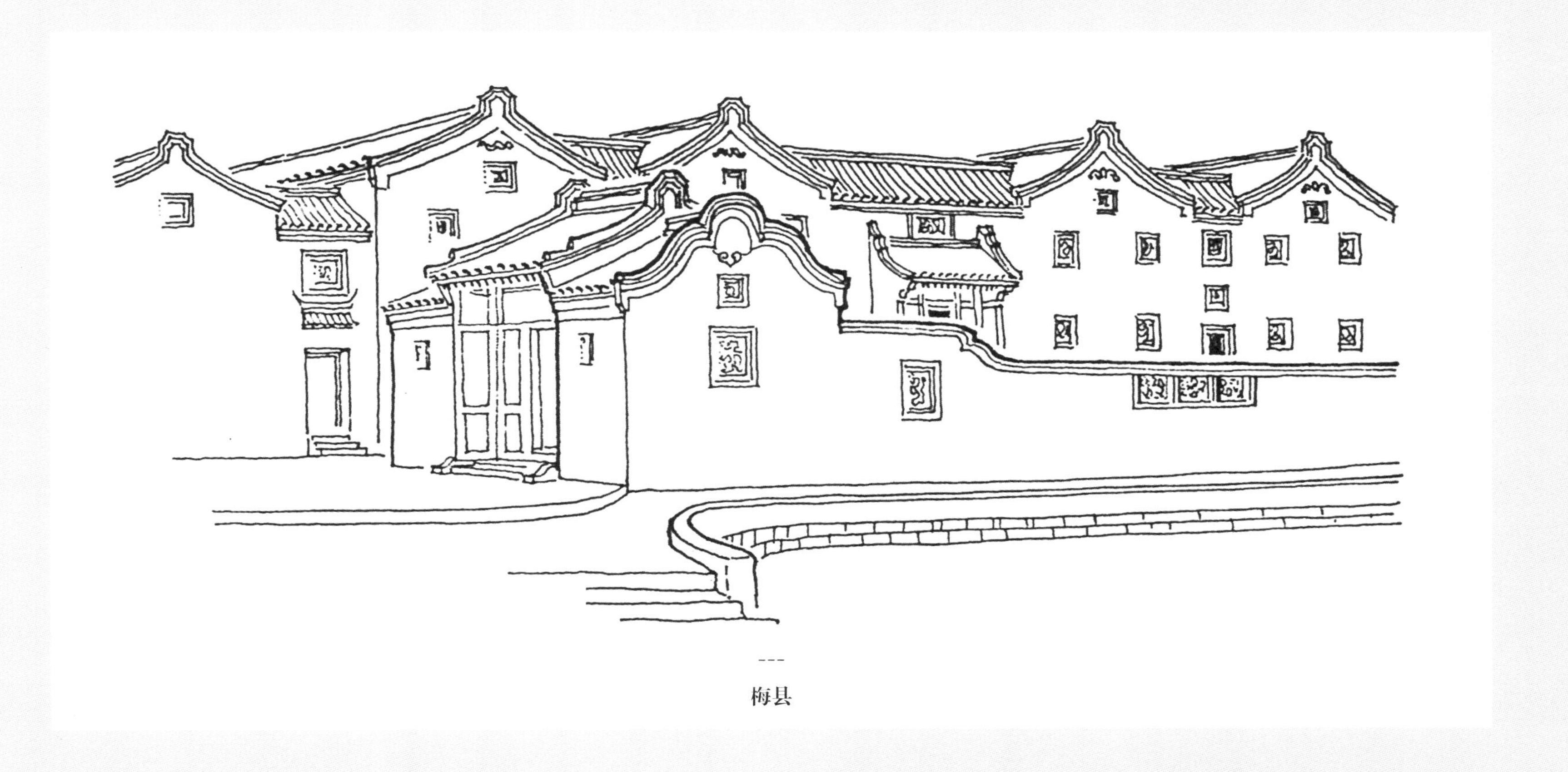

梅县

。。。

各地民居外观（二）

1976 年

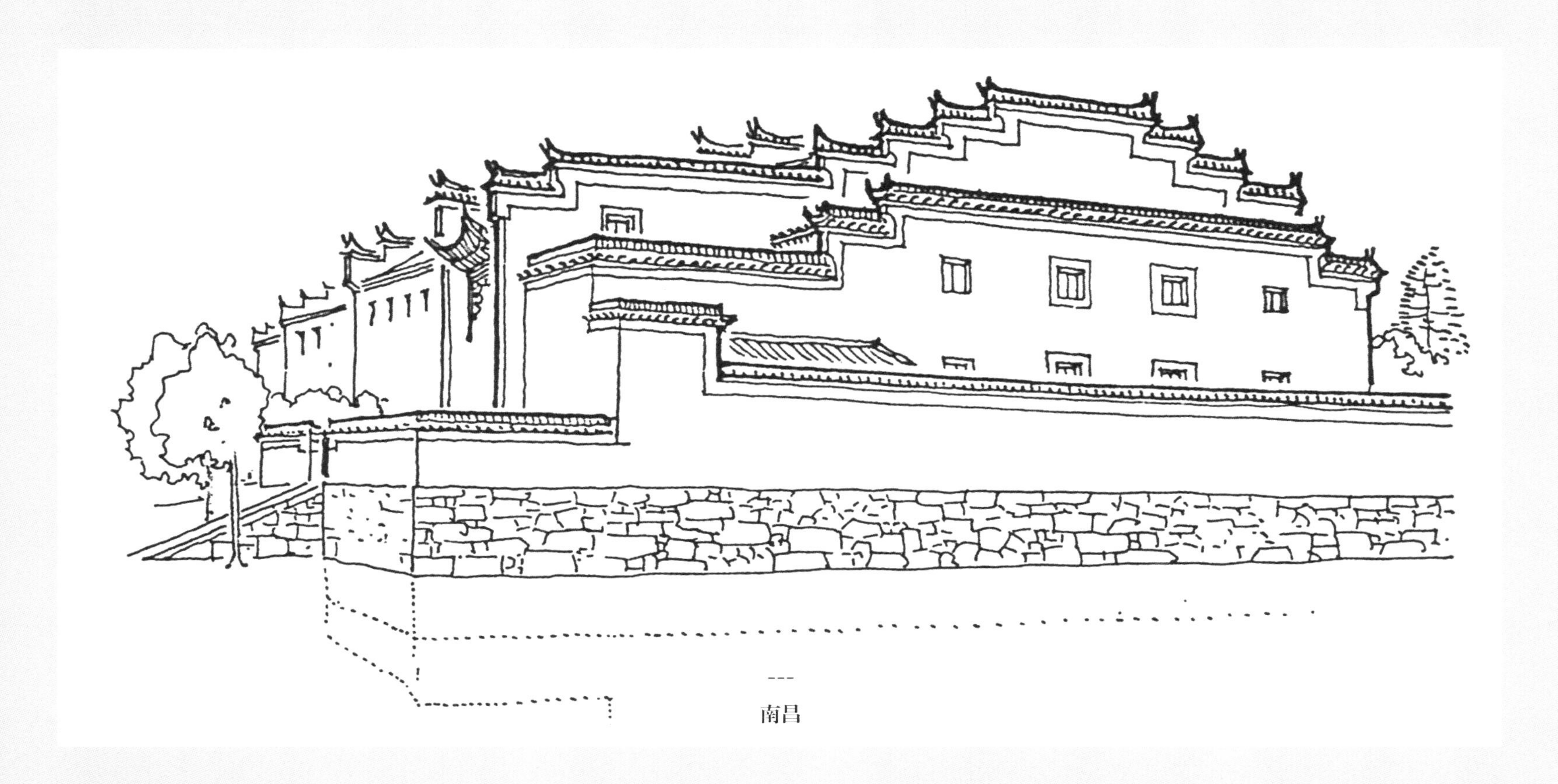

南昌

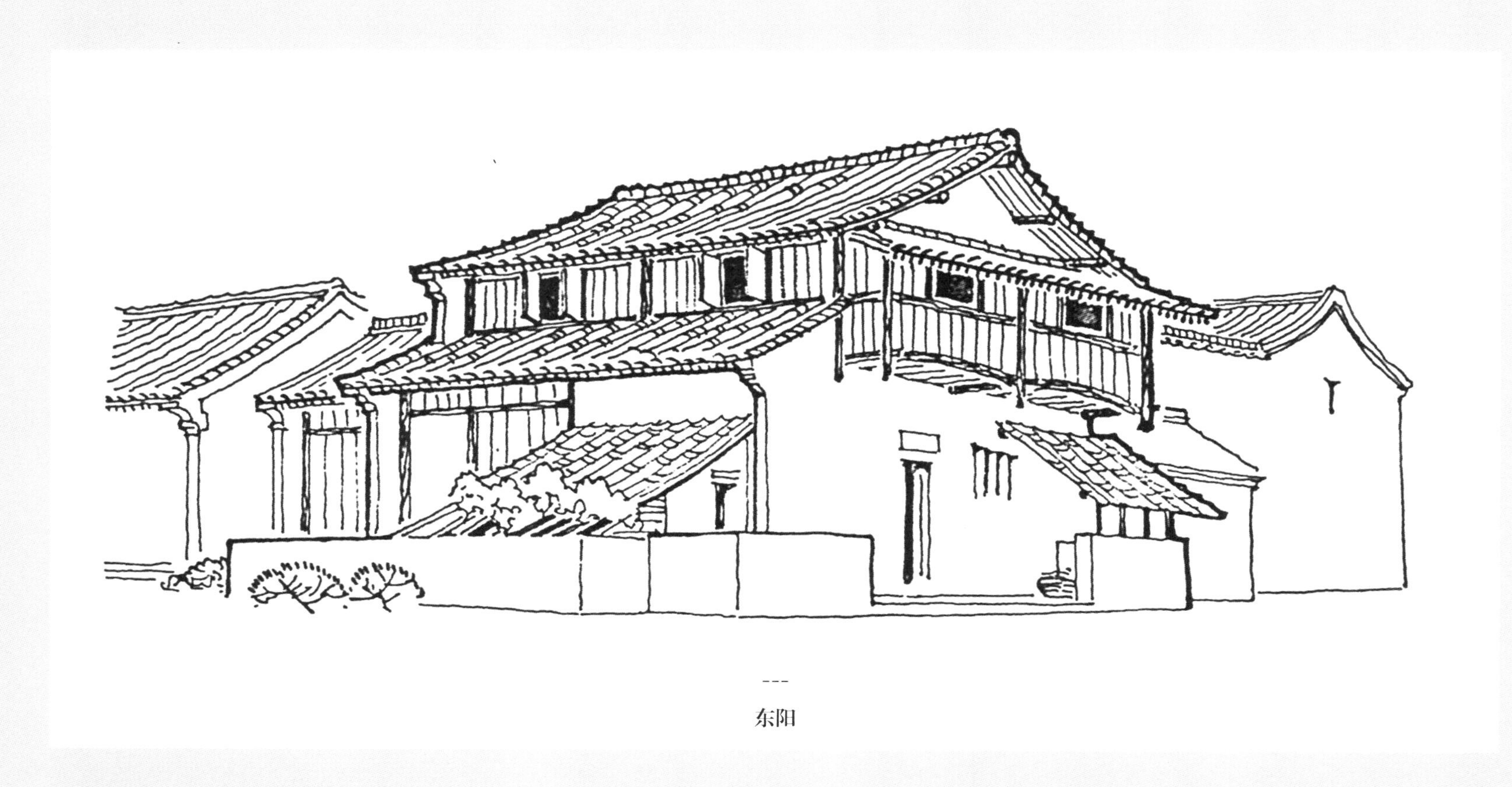

东阳

各地民居外观（三）
1976 年

和阗

阿坝

各地民居外观（四）
1976 年

北京四合院

苏州留园林泉耆硕之馆

各地民居室内（一）

1976 年

山西窑洞

阿坝藏族住宅

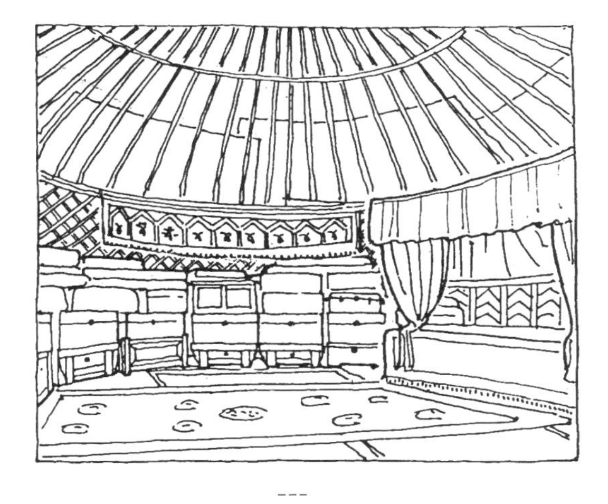

新疆裕民哈萨克族毡房

新疆维吾尔族住宅

北京故宫乐寿堂

东阳民居中之敞厅

各地民居室内（二）

1976年

。。。

浙江东阳卢宅鸟瞰

1961 年

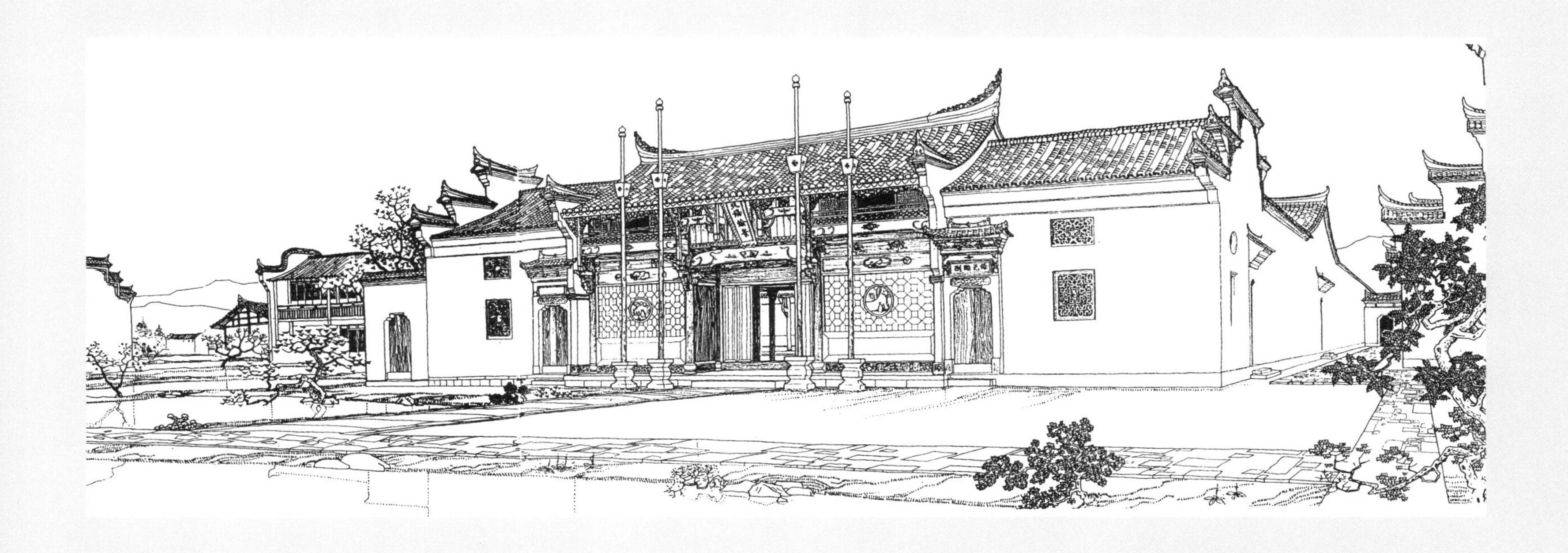

∘∘∘

浙江东阳务本堂外观

1962 年

杭州上天竺民居
1962 年

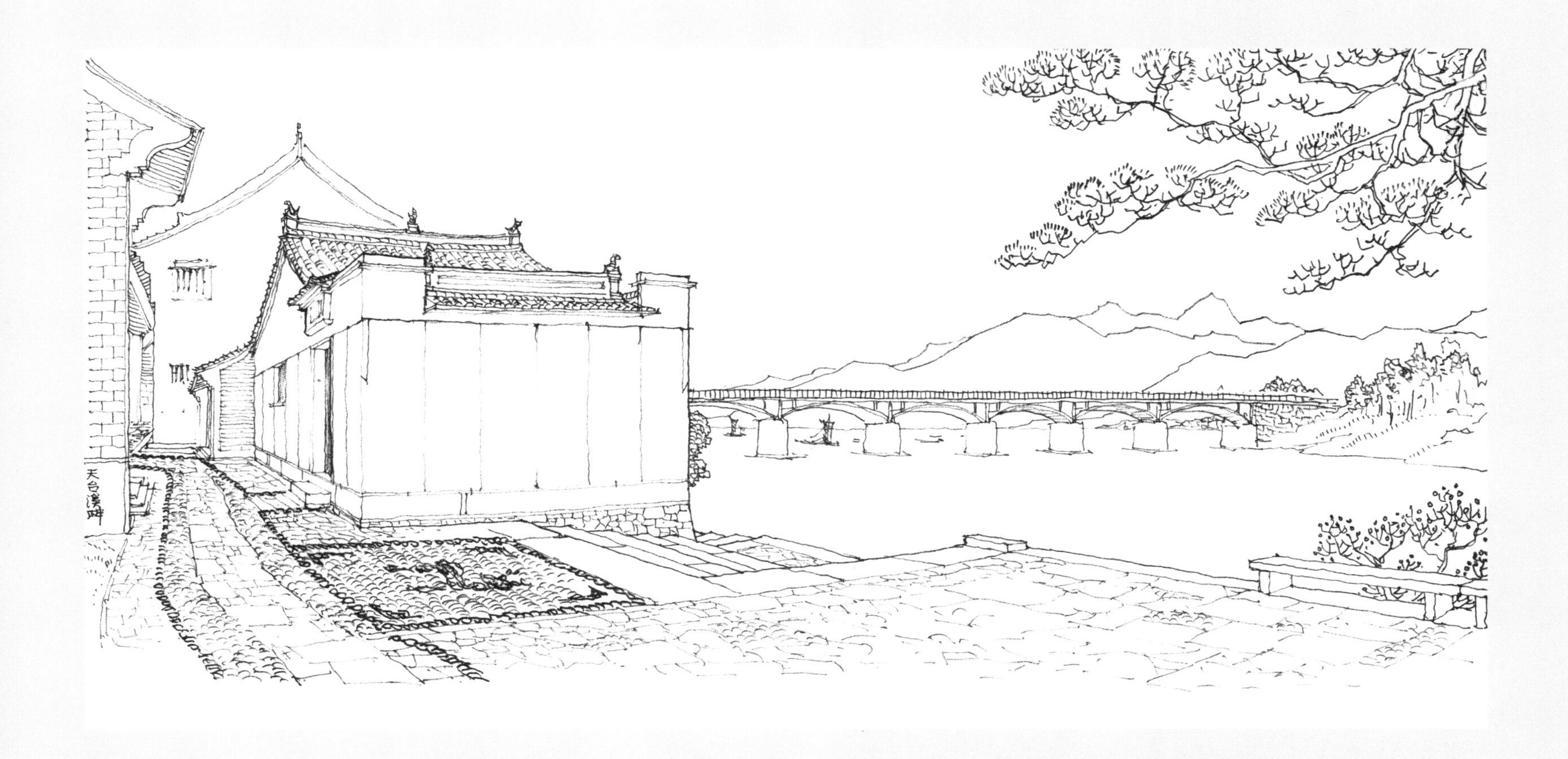

°°°

浙江天台溪畔小庙

1961 年

°°°

湖州临河民居

1971 年

。。。

宁波临海江厦街
1962 年

。。。
宁波临海江厦街民居
1962年

黄岩黄土岭虞宅全景
1962 年

。。。

黄岩黄土岭虞宅近景

1962 年

。。。

永定客家圆楼

1963 年

。。。

永定客家土楼

1963 年

◦◦◦

永定方形土楼

1963 年（1987 年重绘）

。。。

永定湖坑民居

1963 年

○○○

永定客家民居（一）

1963 年

。。。

永定客家民居（二）
1963 年

。。。

永定客家民居（三）

1963 年

。。。

永定客家民居（四）
1963 年

。。。

永定客家民居（五）

1963 年

。。。

永定客家民居（六）
1963年

。。。

永定客家民居（七）
1963 年

。。。

永定客家民居（八）
1963 年

永定客家民居（九）
1963 年

永定客家民居（十）
1963年

。。。

永定客家土楼（局部）
1963 年

。。。

龙岩民居

1963 年

。。。

陕西枣园窑洞
1996年

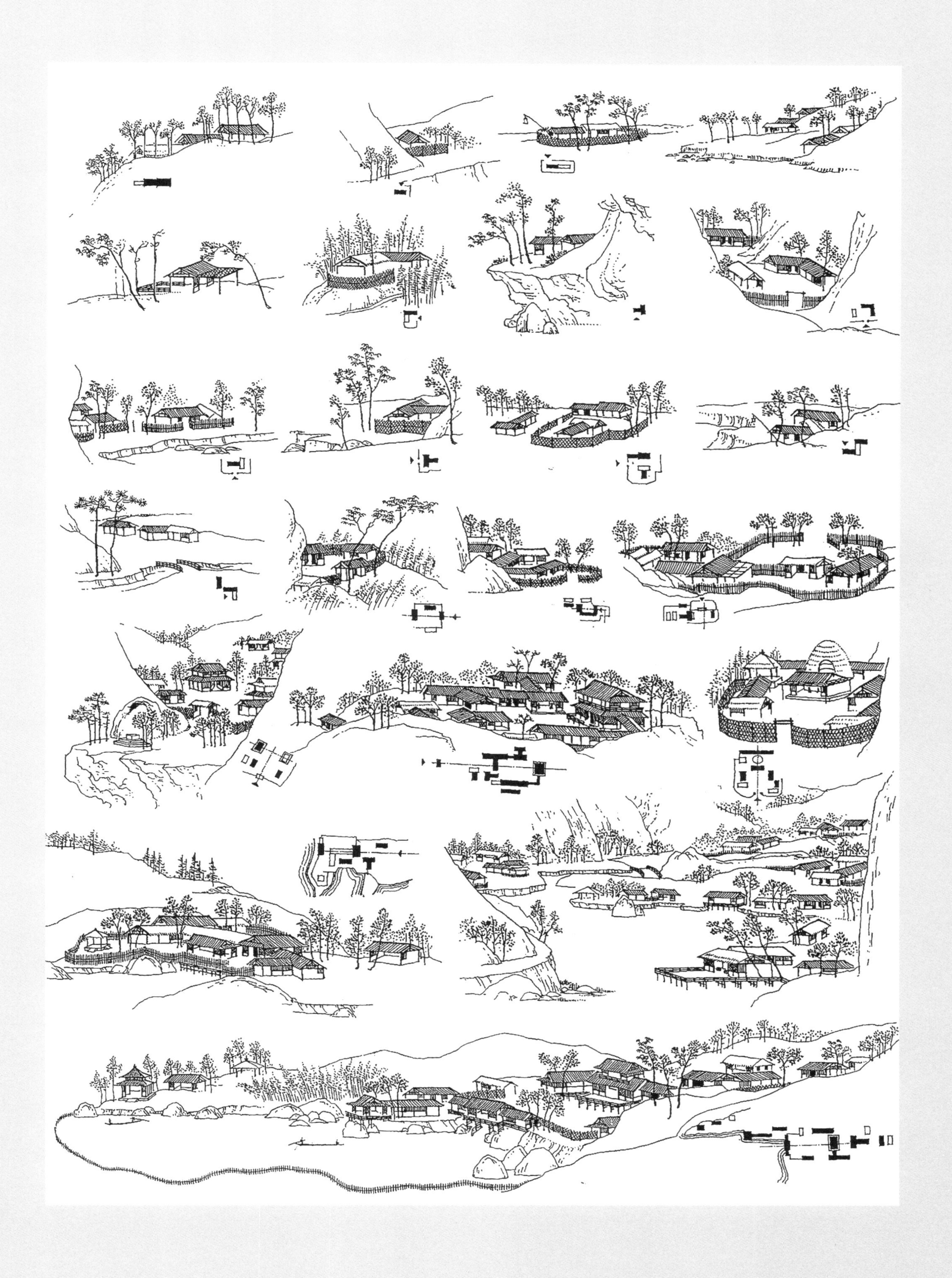

。。。

摹王希孟《千里江山图》中民居

1963 年

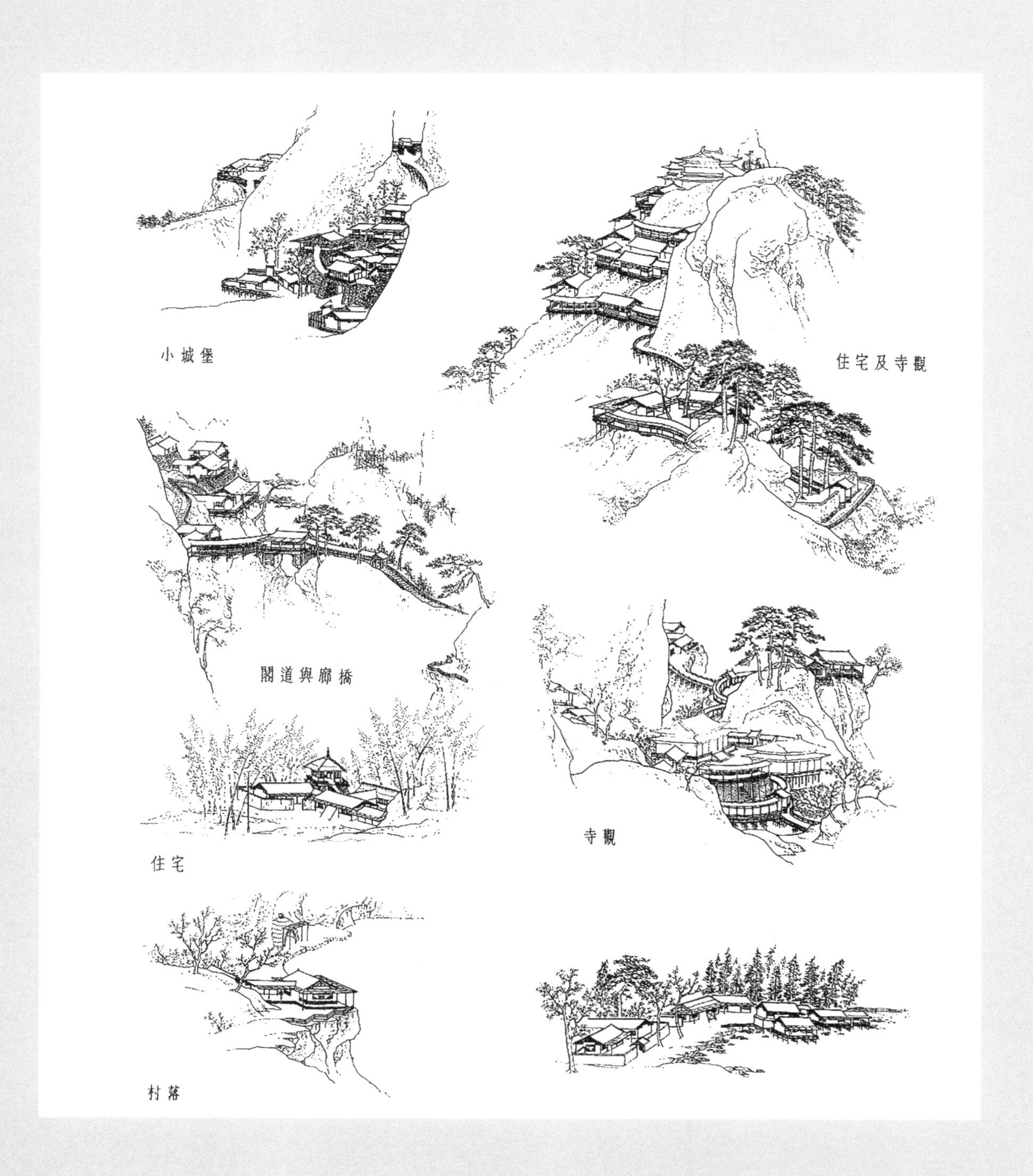

摹赵伯驹《江山秋色图》中民居

1963 年

。。。

苏州网师园看松读画轩之一
1962 年

。。。

苏州网师园看松读画轩之二

1962 年

3

古　窟　石　塑

。。。

天水麦积山全景之一

1972 年

◦◦◦

天水麦积山全景之二

1972 年

◦◦◦

麦积山石窟（局部）

1972 年

。。。
麦积山石窟远眺
1972年

○○○

麦积山石窟夕阳景
1972 年

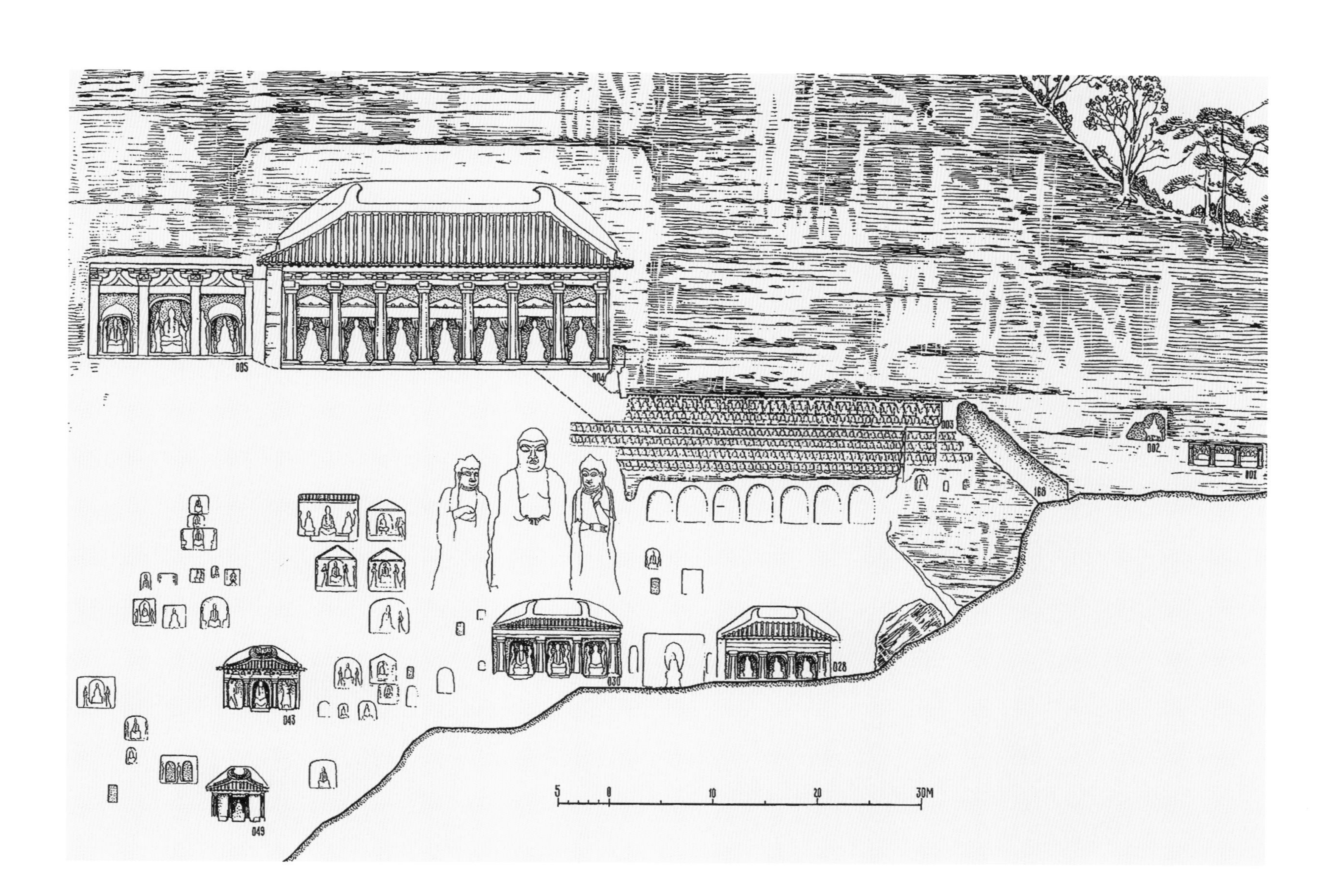

麦积山石窟东崖立面图
1972年

。。。

麦积山第四窟近景
1972 年

○○○

麦积山第十五窟内景

1972 年

。。。

麦积山第十七窟西魏佛像

1972 年

麦积山第二十窟西魏菩萨

1972年

。。。

麦积山第二十一窟等北魏塑佛

1972 年

麦积山第二十三窟西魏塑佛

1972年

麦积山第二十六窟壁画及彩画
1972 年

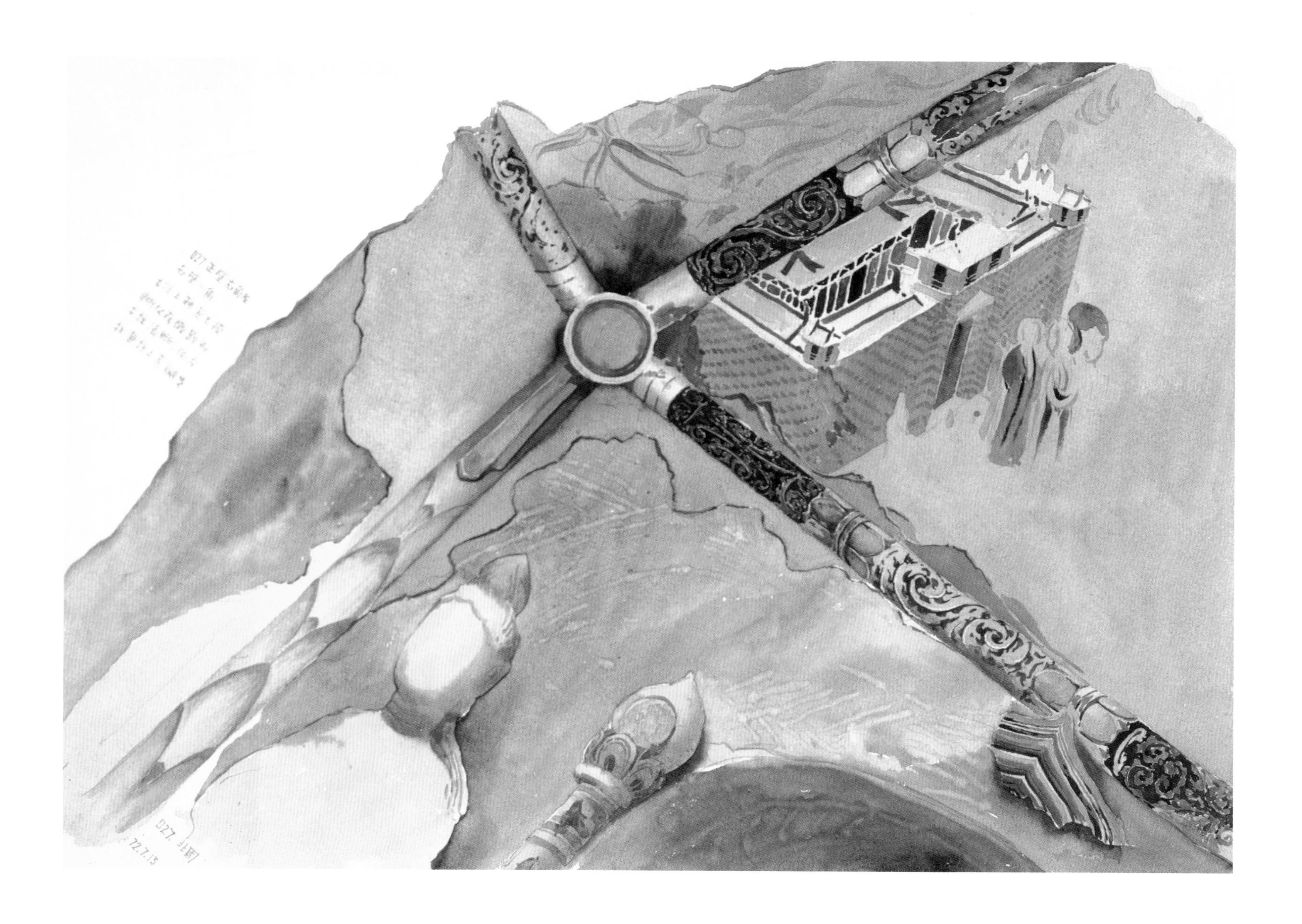

。。。

麦积山第二十七窟壁画及彩画
1972 年

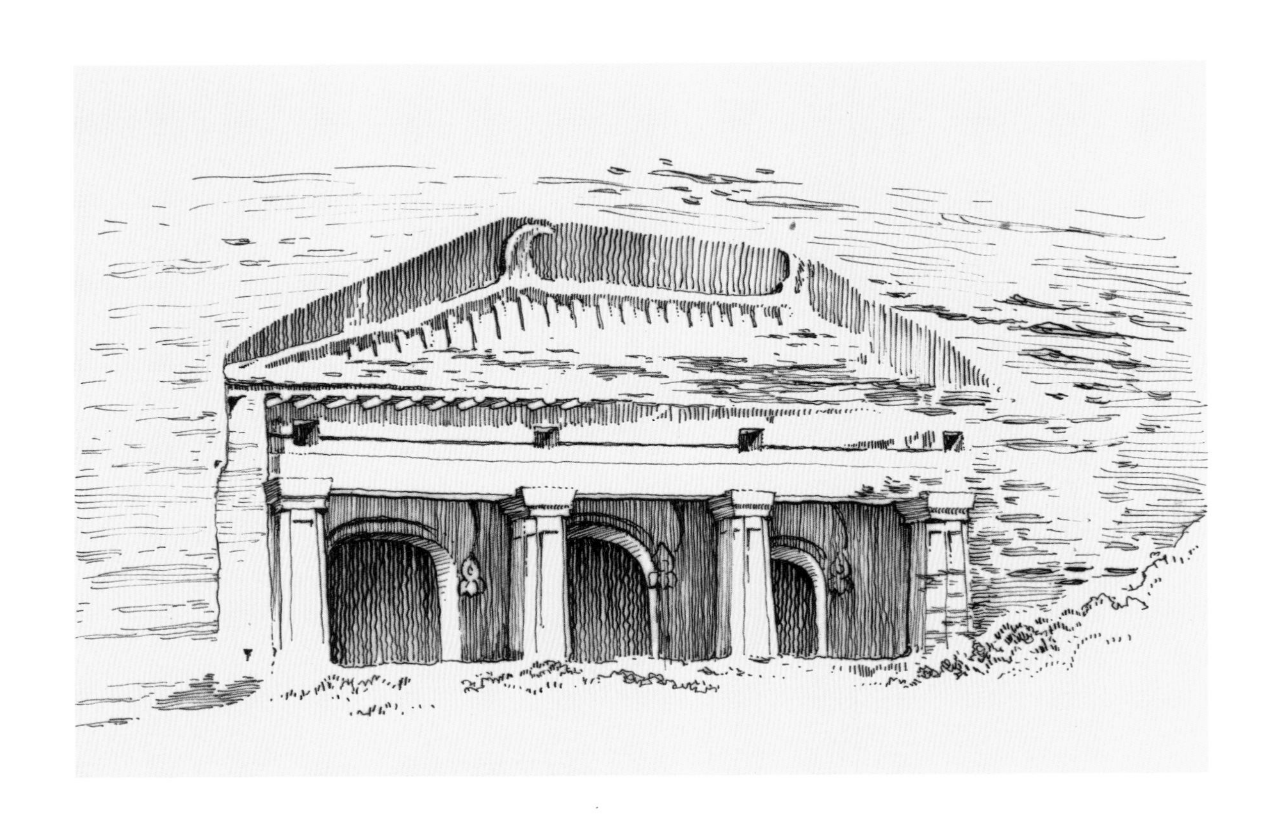

麦积山第二十八窟窟檐
1972年

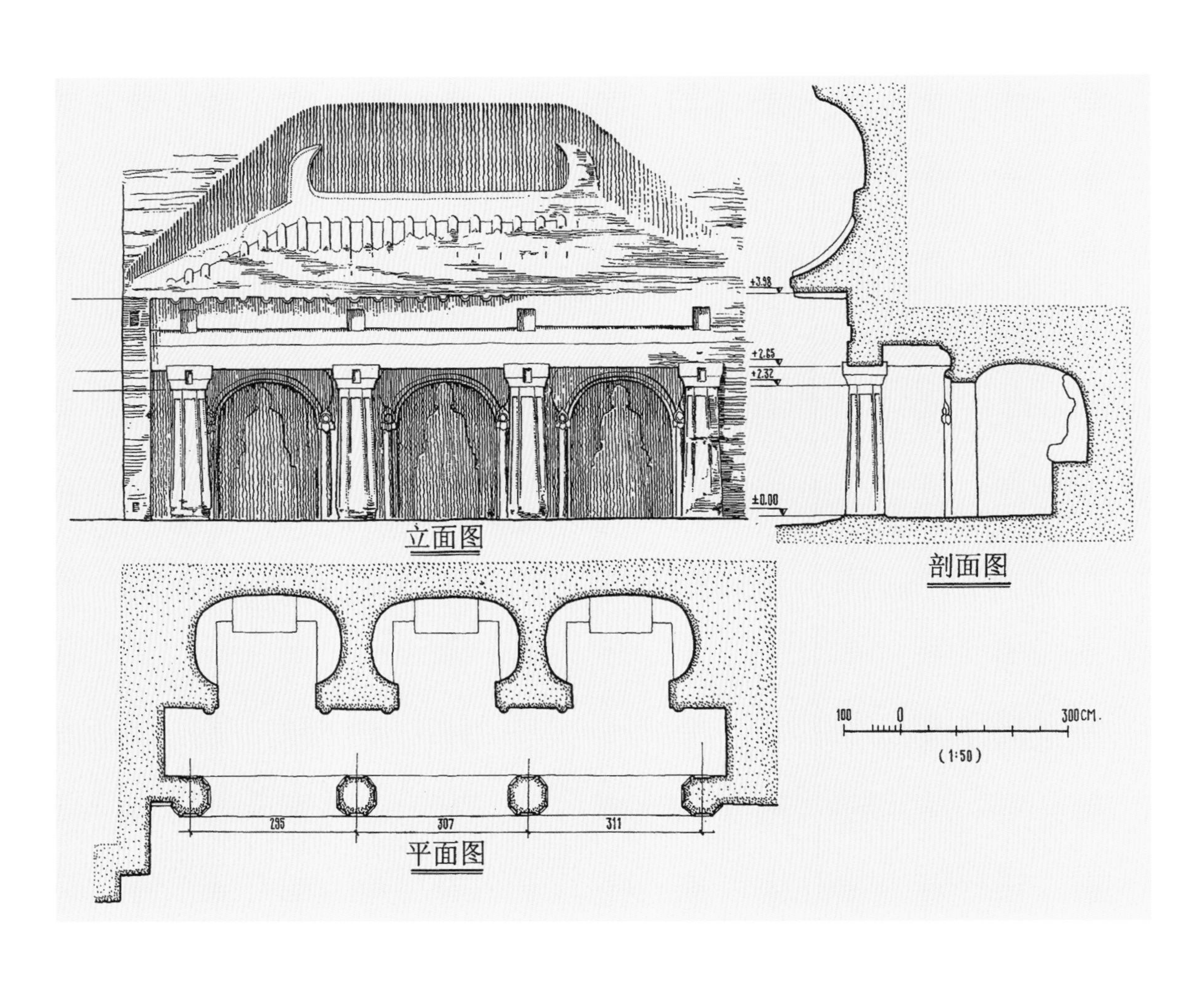

麦积山第二十八窟（实测）
1972年

。。。

麦积山第四十三窟窟檐

1972 年

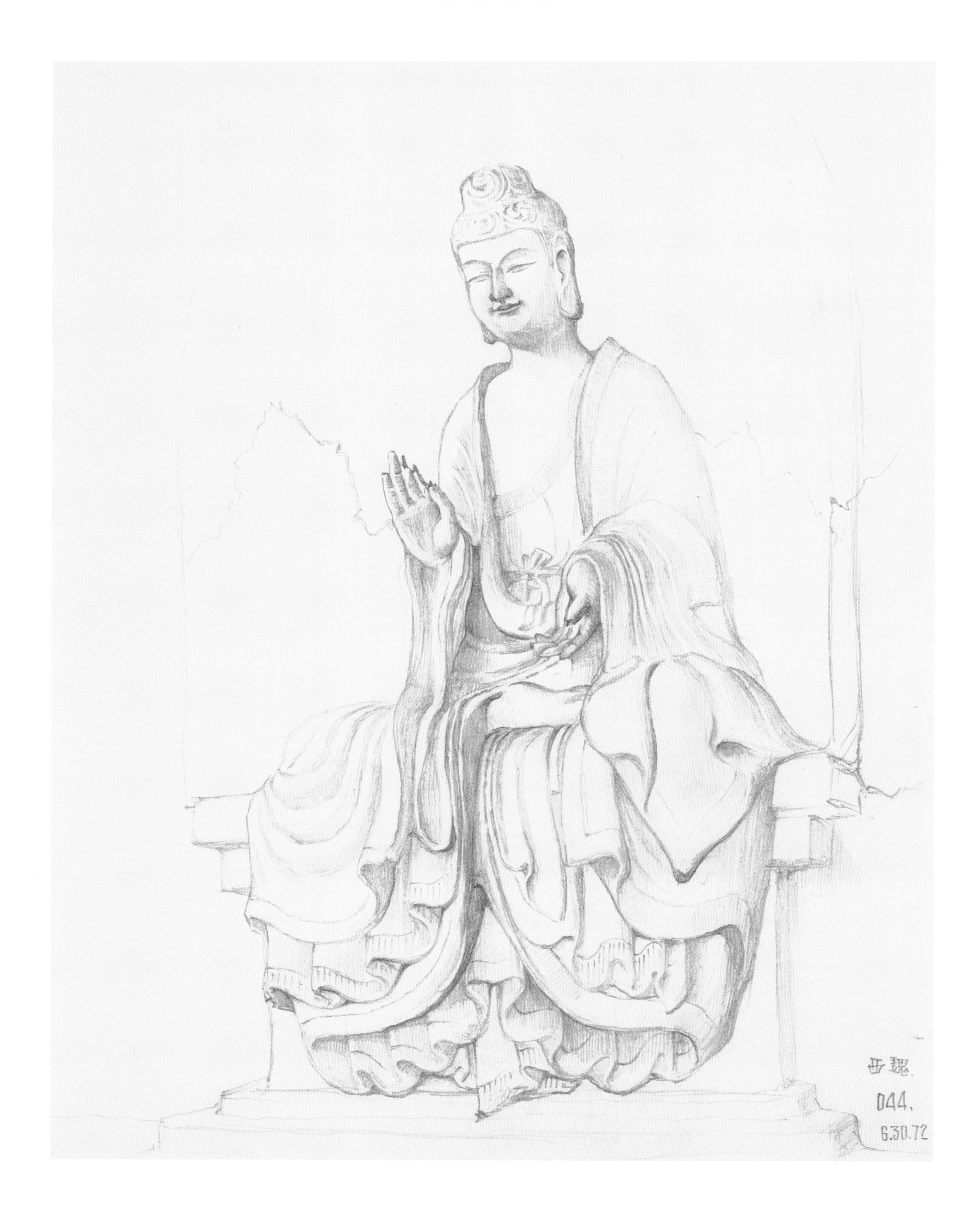

。。。

麦积山第四十四窟西魏塑坐佛

1972 年

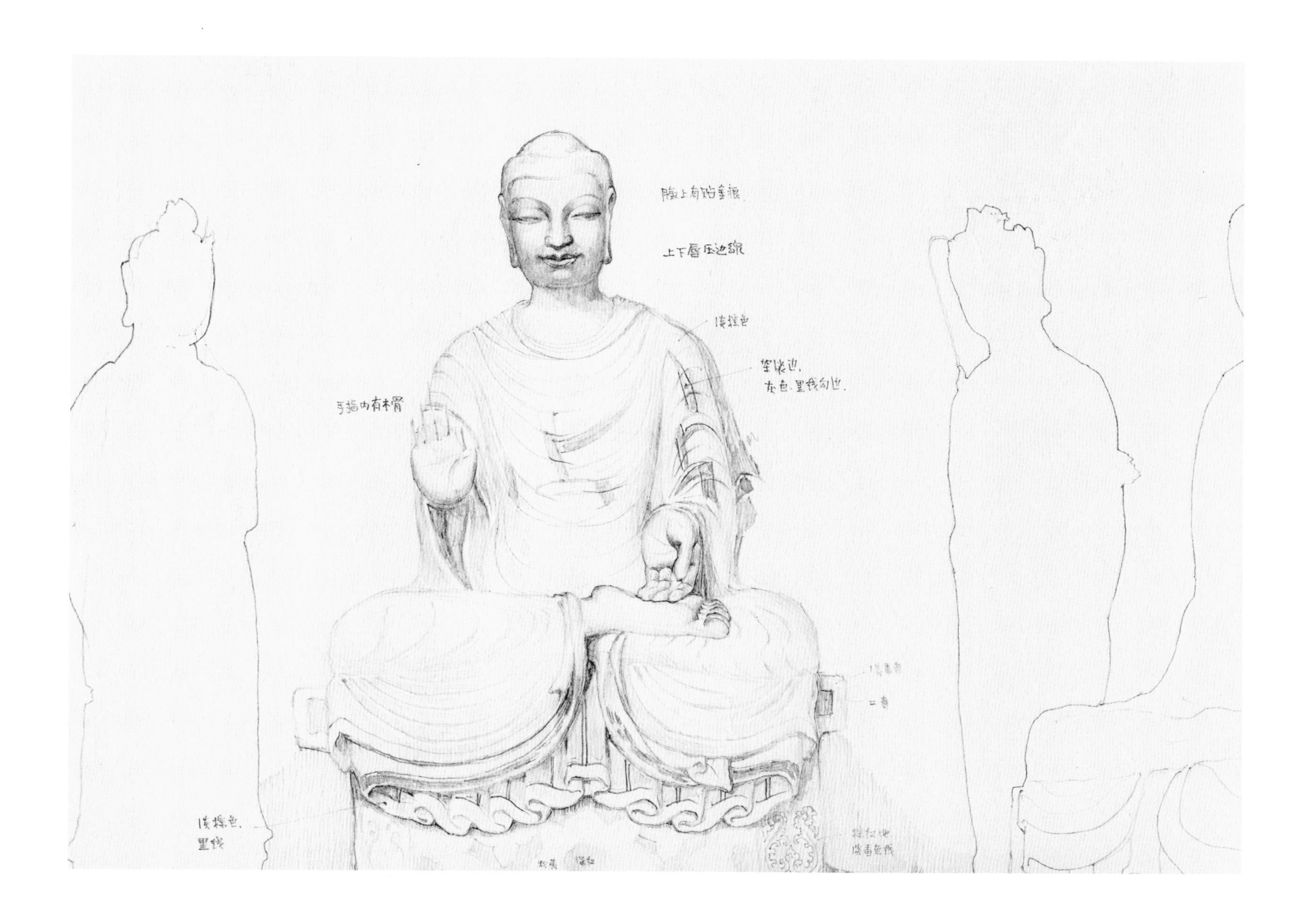

。。。

麦积山第四十五窟北周塑像

1972 年

。。。

麦积山第四十九窟窟檐

1972年

。。。

麦积山第六十九窟北魏塑像

1972年

。。。

麦积山第七十四窟正壁左侍

1972 年

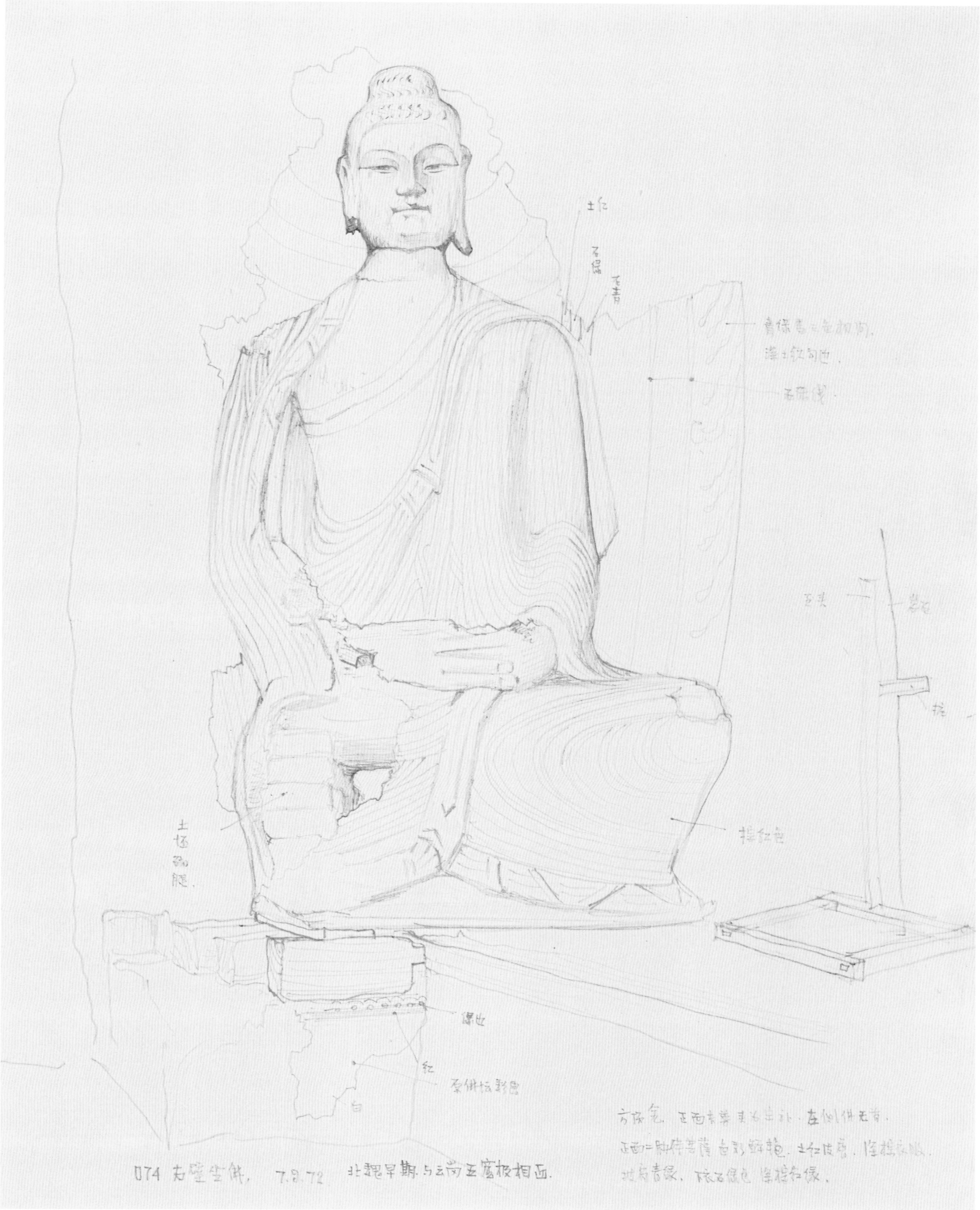

◦◦◦

麦积山第七十四窟右壁坐佛

1972 年

◦◦◦

麦积山第一百二十一窟西魏塑像

1972 年

。。。
麦积山第一百二十七窟北周壁画全景
1972年

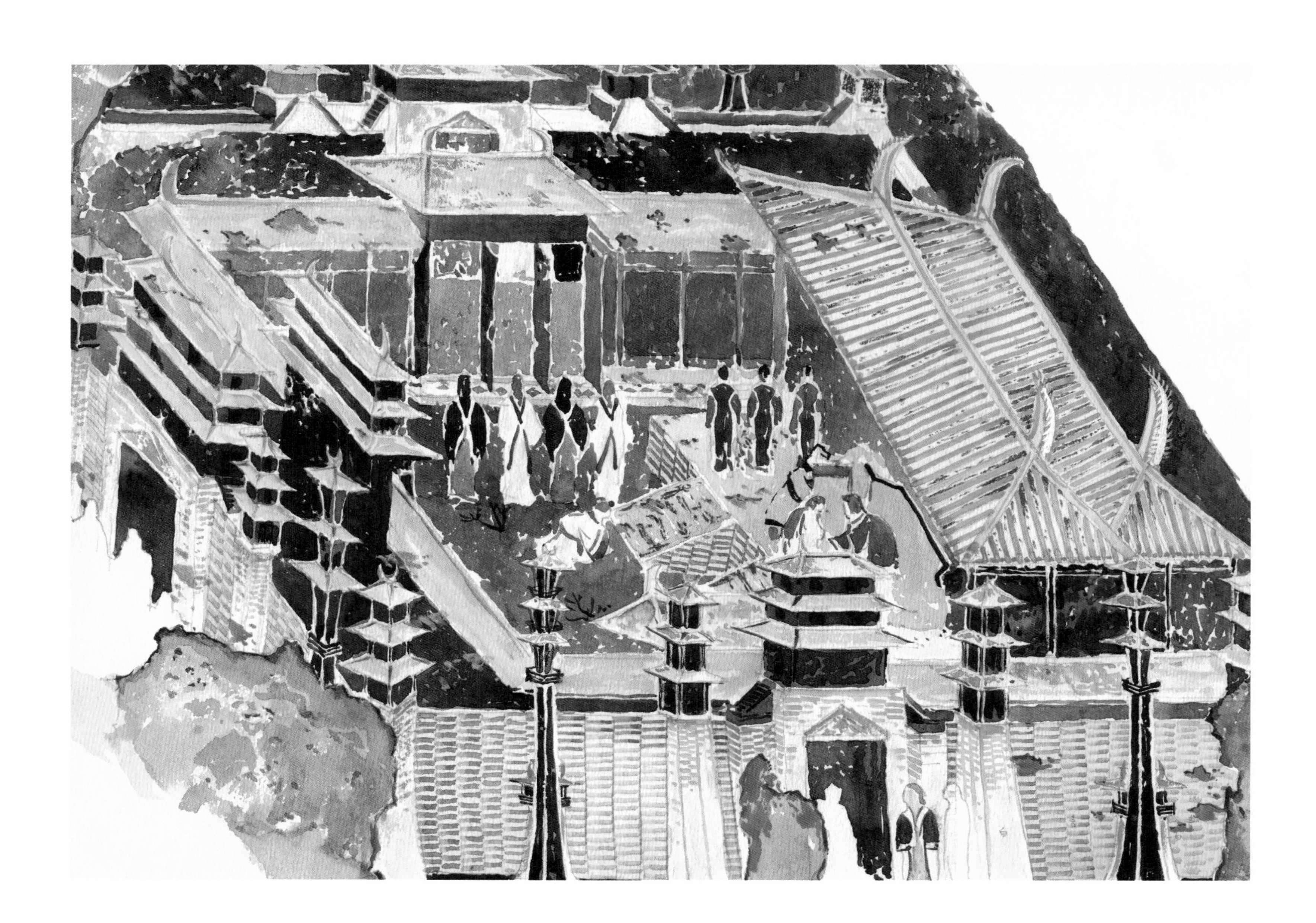

麦积山第一百二十七窟北周壁画（局部）
1972年

麦积山第一百三十五窟东壁西魏塑佛

1972 年

。。。

麦积山第一百四十一窟北周藻井

1972 年

。。。

麦积山第一百五十五窟北魏塑像

1972年

。。。

麦积山第一百六十九窟弥勒像

1972 年

。。。

龙门第十七窟造像

1956年

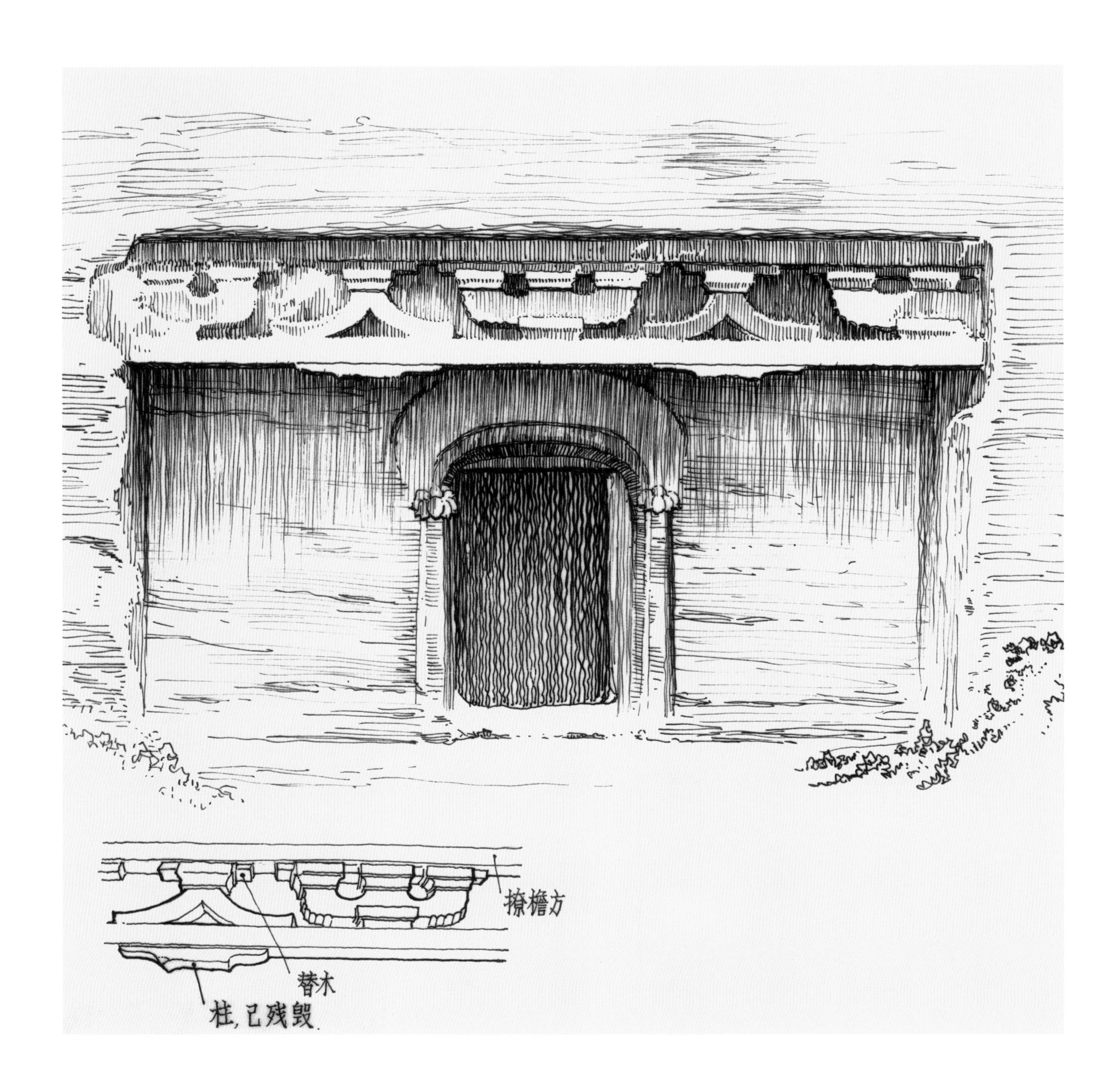

。。。

天龙山第一窟窟檐

1976年

。。。

唐俑（上海博物馆藏）

1962年

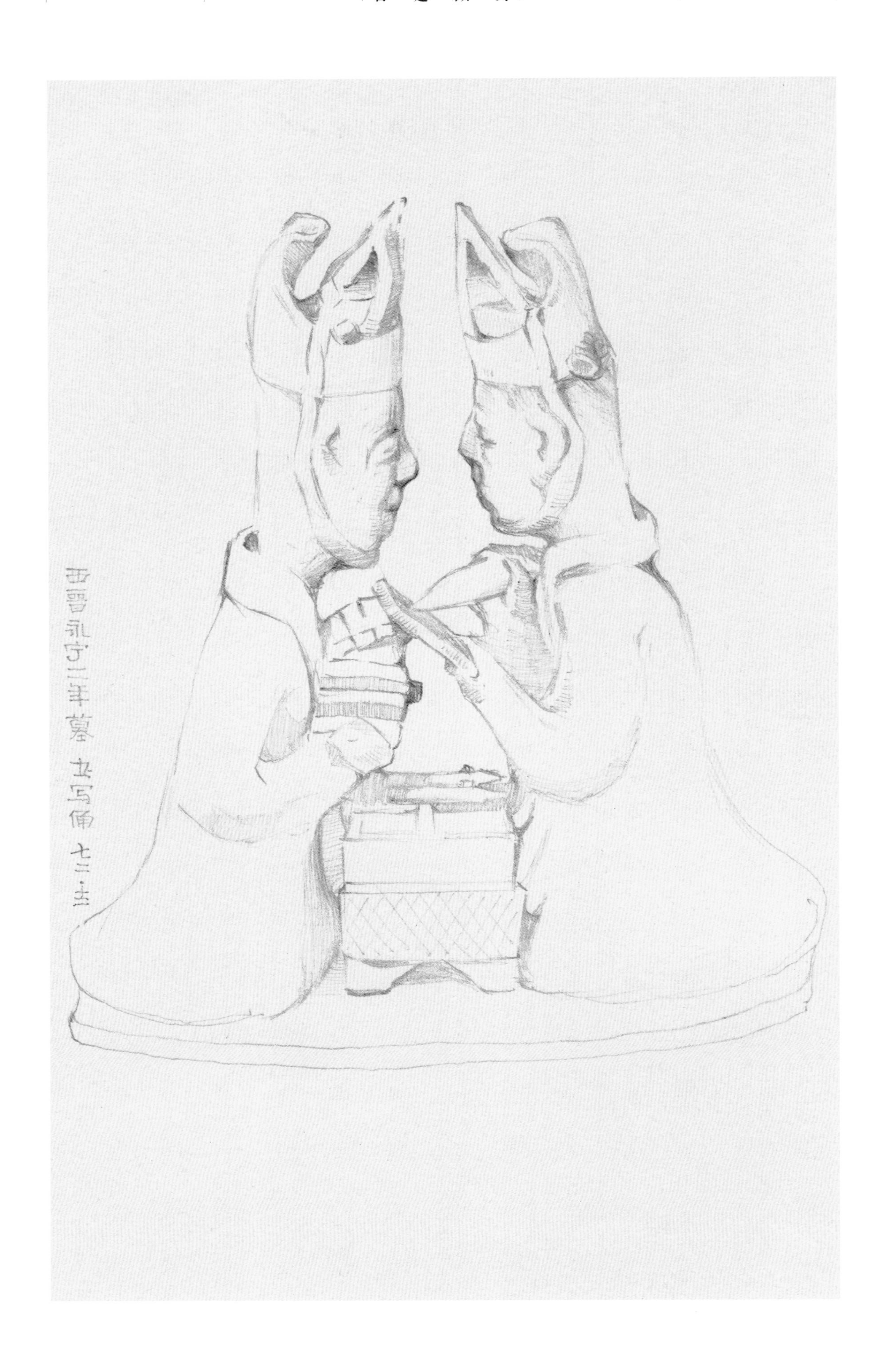

。。。

西晋书写俑（湖南省博物馆藏）

1972 年

。。。

梁代佛像（上海博物馆藏）

1962 年

。。。

唐代人马俑（洛阳关林出土）

1973 年

。。。

唐代杨思勖墓石俑（中国国家博物馆藏）
1972 年

4

古　迹　遗　存

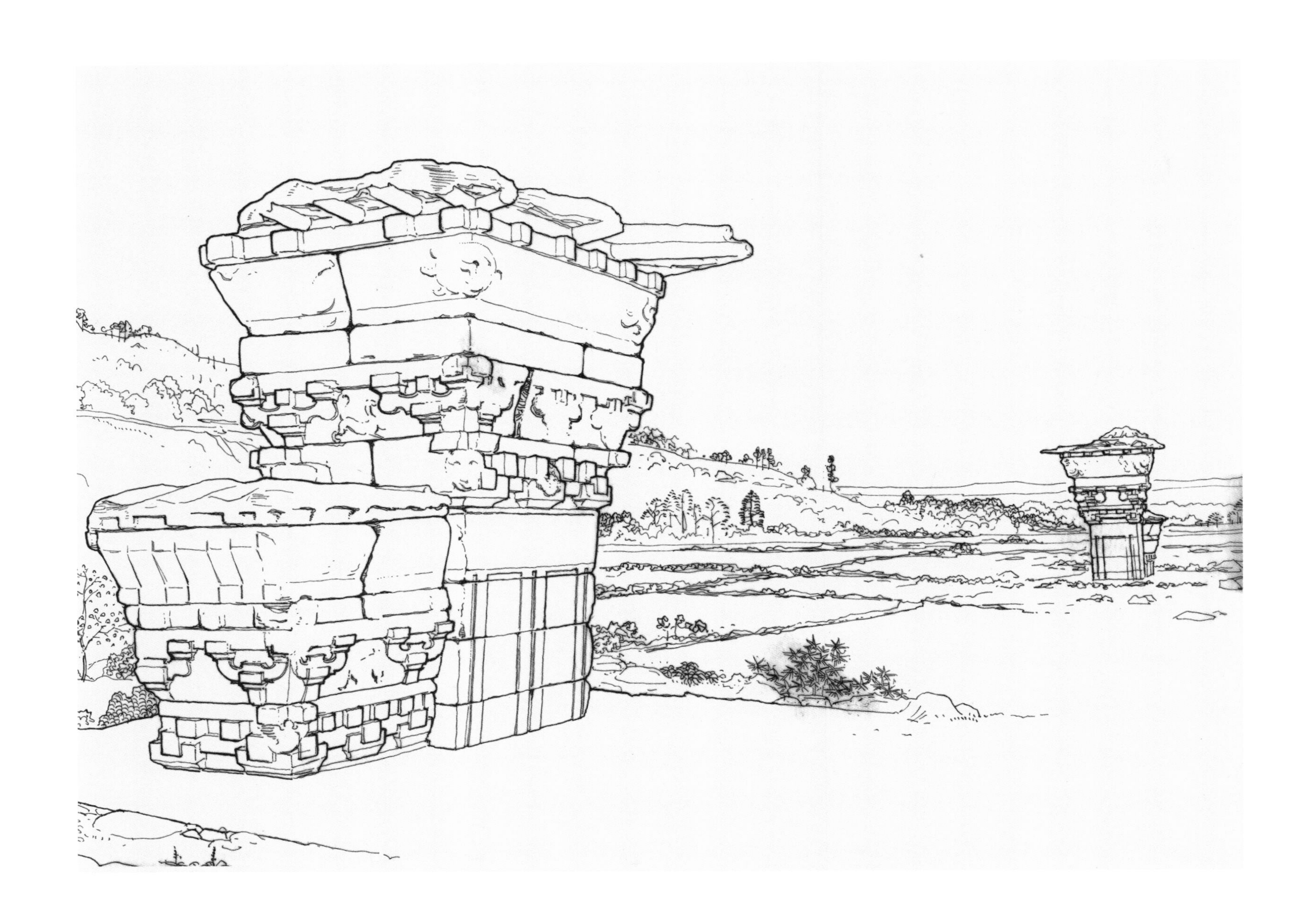

。。。

绵阳汉代平阳府君阙

1977 年

雅安汉代高颐阙
1977 年

。。。

渠县汉代沈府君阙

1977 年

。。。

夹江汉代杨宗阙

1977 年

。。。

唐代懿德太子墓画阙

1973 年

南京栖霞寺五代舍利塔
1972 年

。。。

杭州五代雷峰塔旧观

1980年

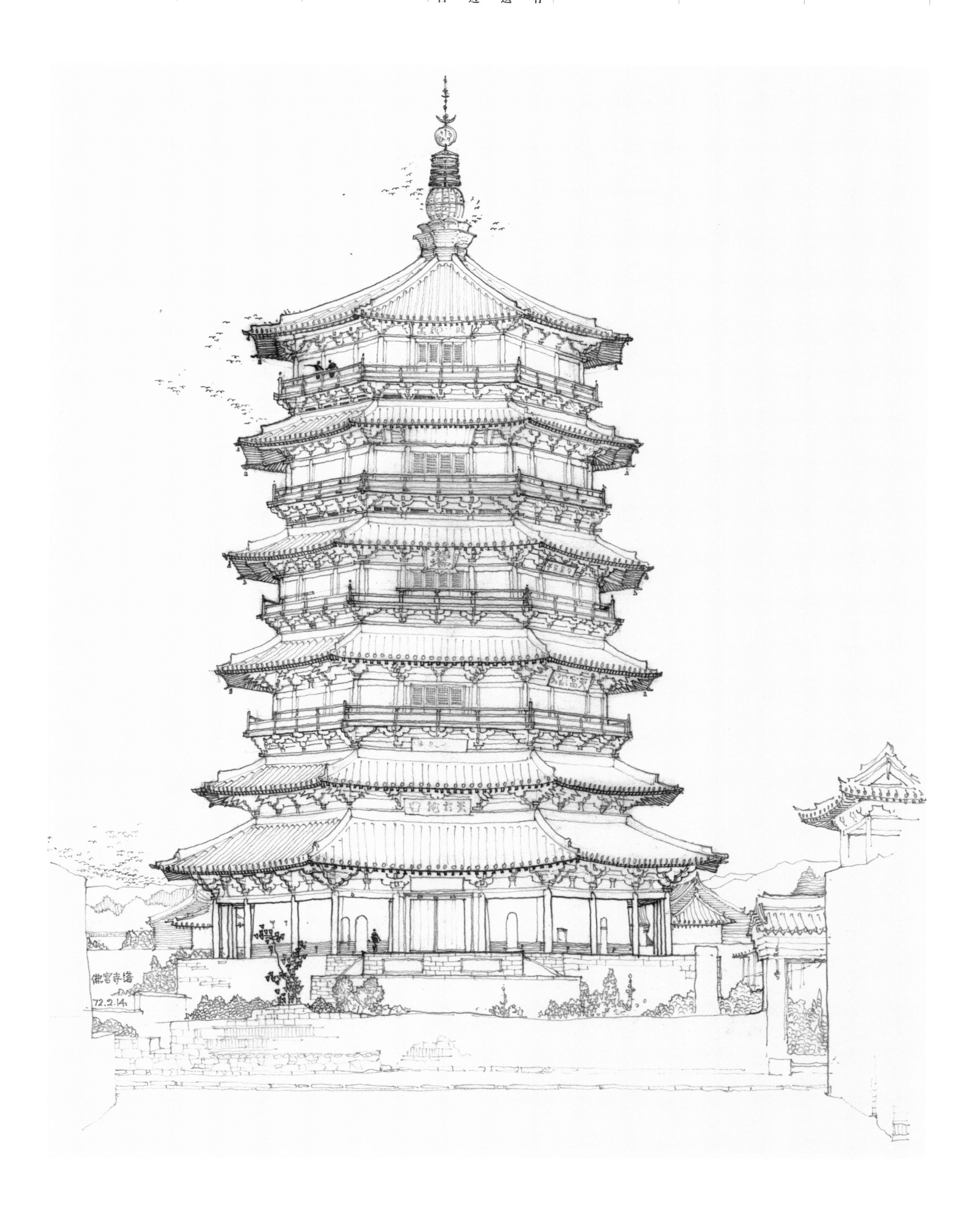

。。。

应县佛宫寺辽代释迦塔

1972年

。。。

苏州北宋虎丘塔

1982年

。。。

泉州南宋开元寺塔
1963年

。。。

蓟县独乐寺辽代观音阁

1973 年

。。。

赵县北宋陀罗尼经幢

1956年

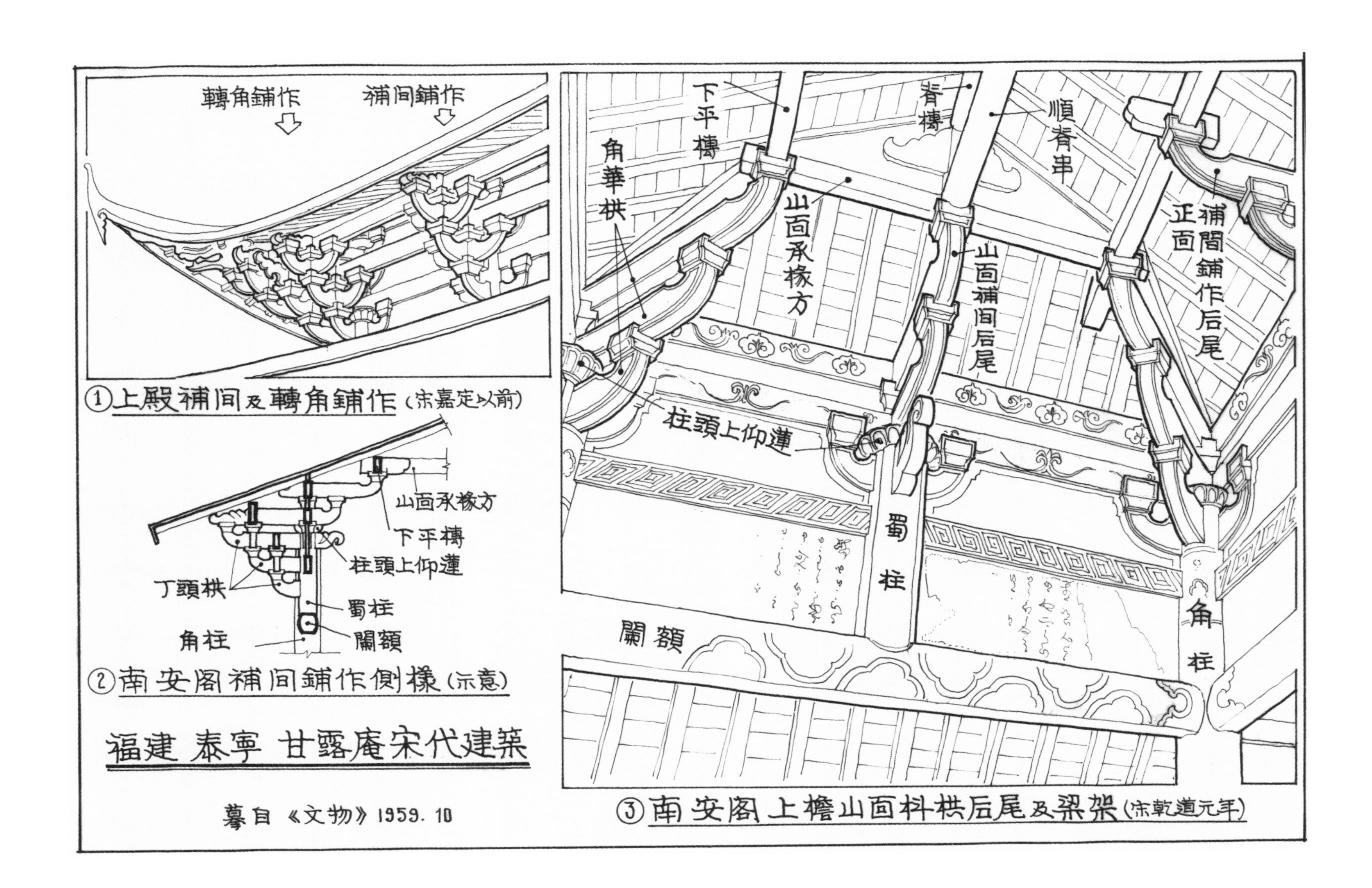
轉角鋪作
補间鋪作
①上殿補间及轉角鋪作（宋嘉定以前）
山面承椽方
下平槫
柱頭上仰蓮
丁頭栱
蜀柱
角柱
闌額
②南安阁補间鋪作側様（示意）
福建 泰寧 甘露庵宋代建築
摹自《文物》1959.10
下平槫
脊槫
順脊串
角華栱
山面承椽方
山面補间后尾
正面
補間鋪作后尾
柱頭上仰蓮
蜀柱
角柱
闌額
③南安阁上檐山面枓栱后尾及梁架（宋乾道元年）

◦ ◦ ◦

泰宁南宋甘露庵梁架

1976年

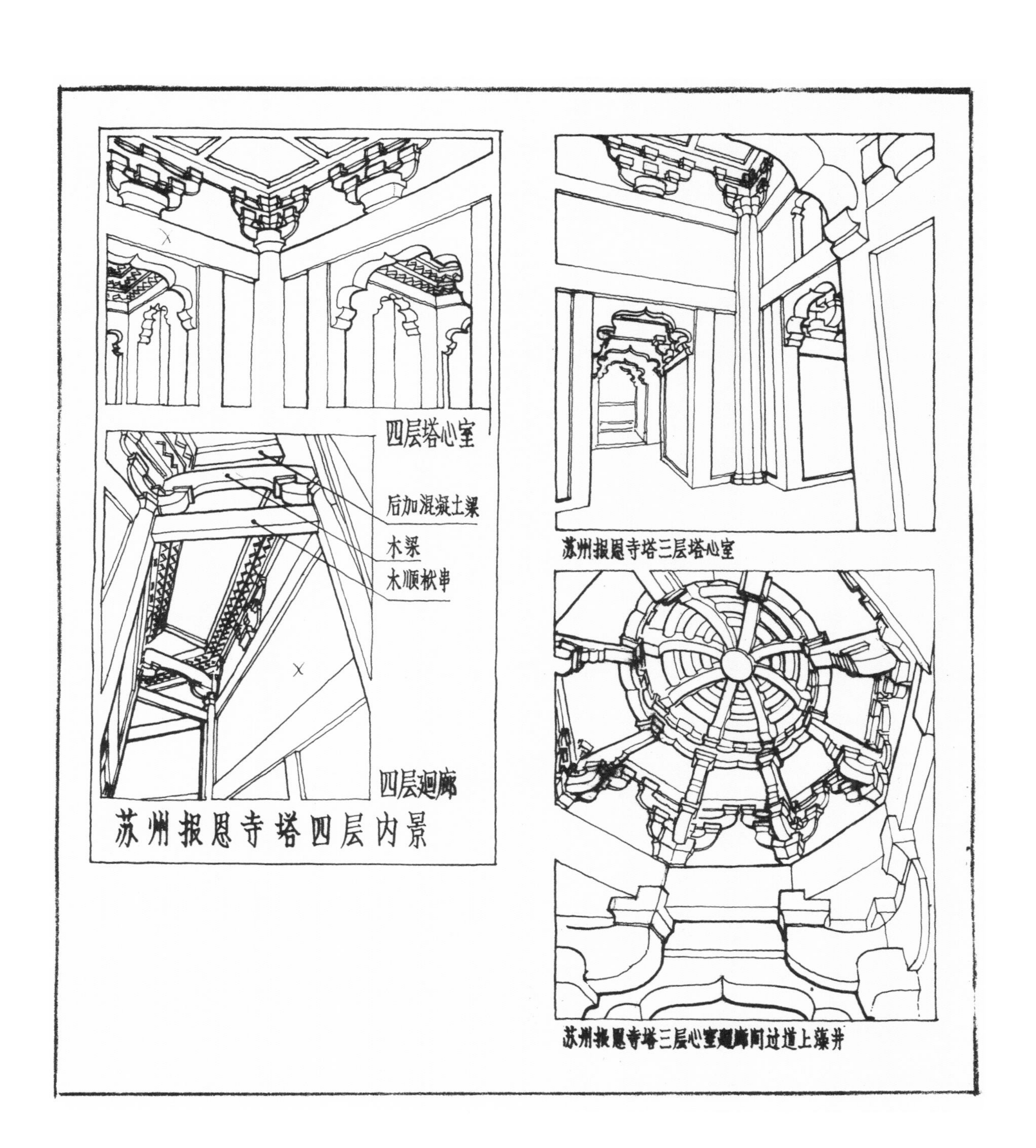

。。。

苏州报恩寺砖塔（内景）

1975年

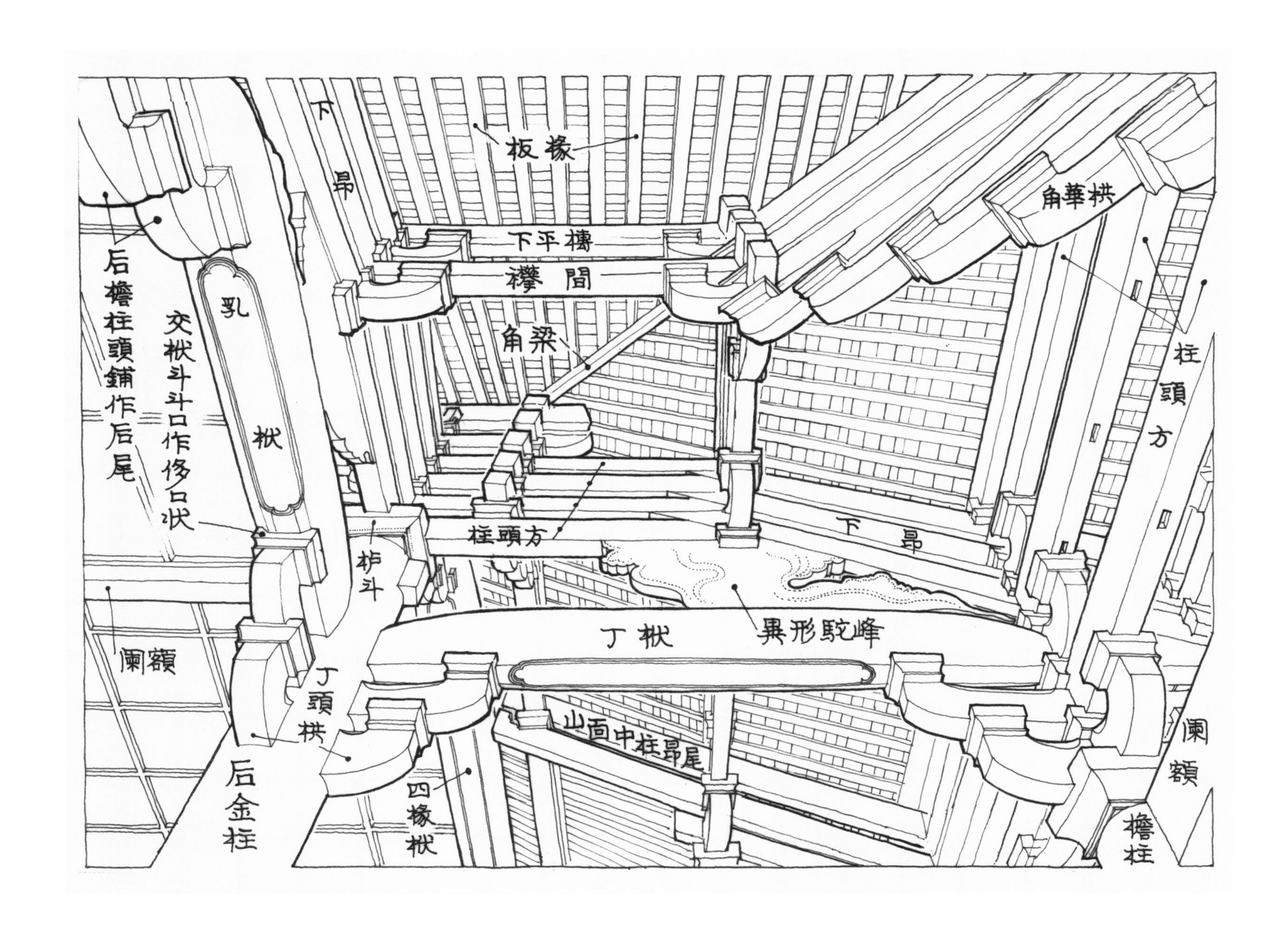

福州北宋华林寺大殿梁架
1980年

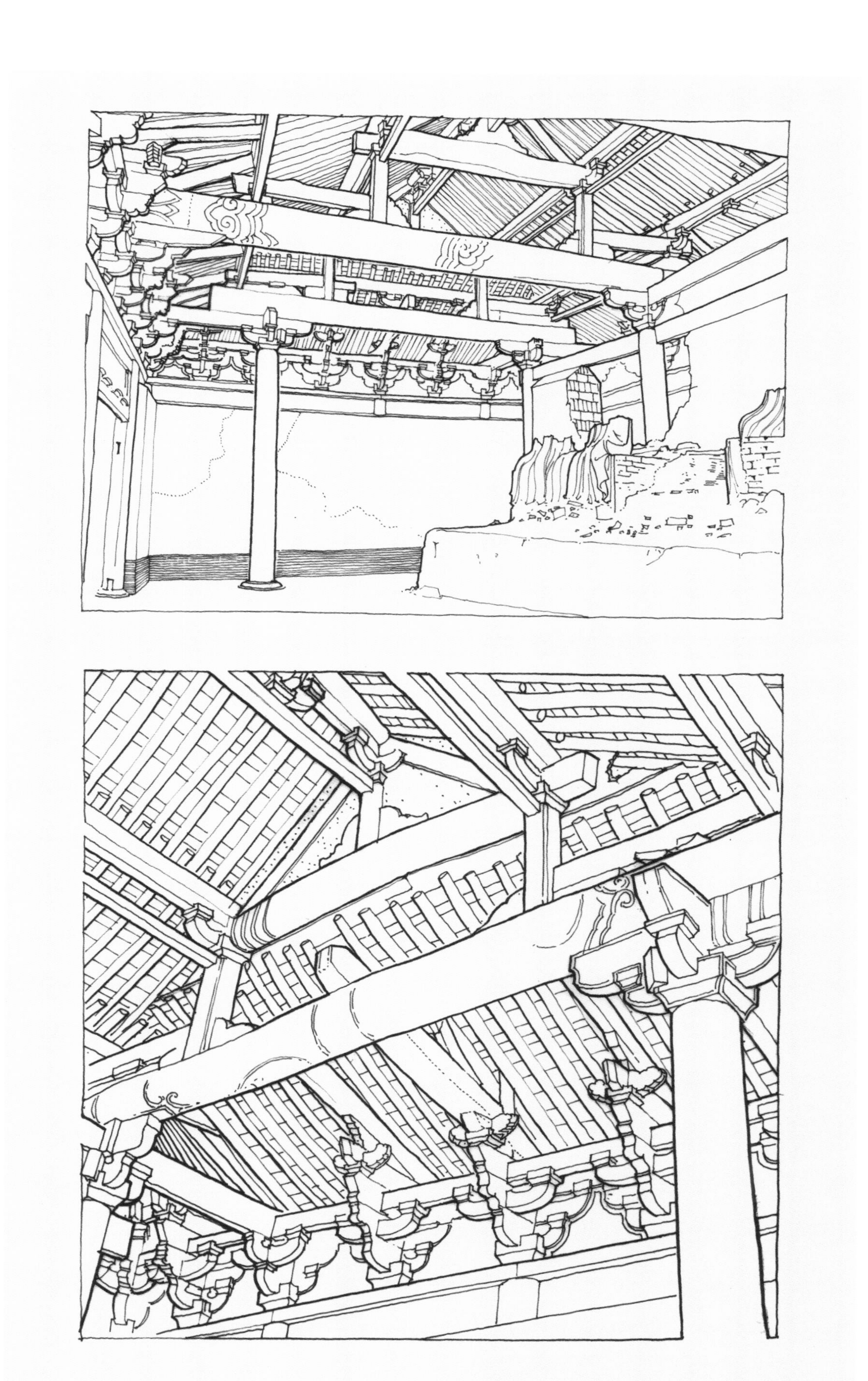

。。。

元代永乐宫重阳殿梁架
1976年

聖母之殿

。。。

岩山寺金代壁画之圣母殿

1979 年

。。。

岩山寺西壁金代壁画

1979 年

岩山寺东壁金代壁画
1979 年

。。。

岩山寺金代壁画之宫殿

1979年

◦◦◦

岩山寺金代壁画之磨房

1979年

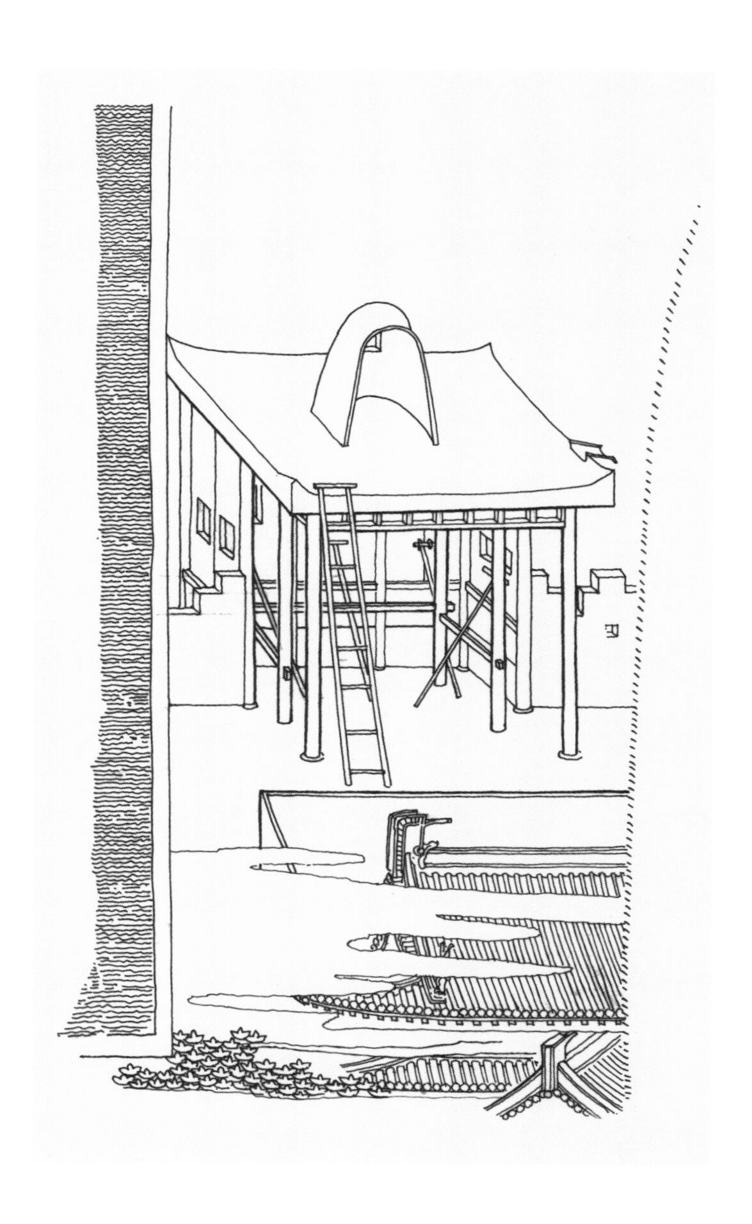

。。。

岩山寺金代壁画之敌楼

1979 年

。。。

天水玉泉观

1972 年

。。。

潼关东关
1956年

。。。

福州鼓山佛寺

1980年

。。。

苏州网师园

1962年

○○○

广州文庙（农民运动讲习所）

1970年

福建古田镇廖氏宗祠（古田会议旧址）
1971年

◦ ◦ ◦

温州江心寺全景

1962 年

。。。

嘉兴烟雨楼

1971年

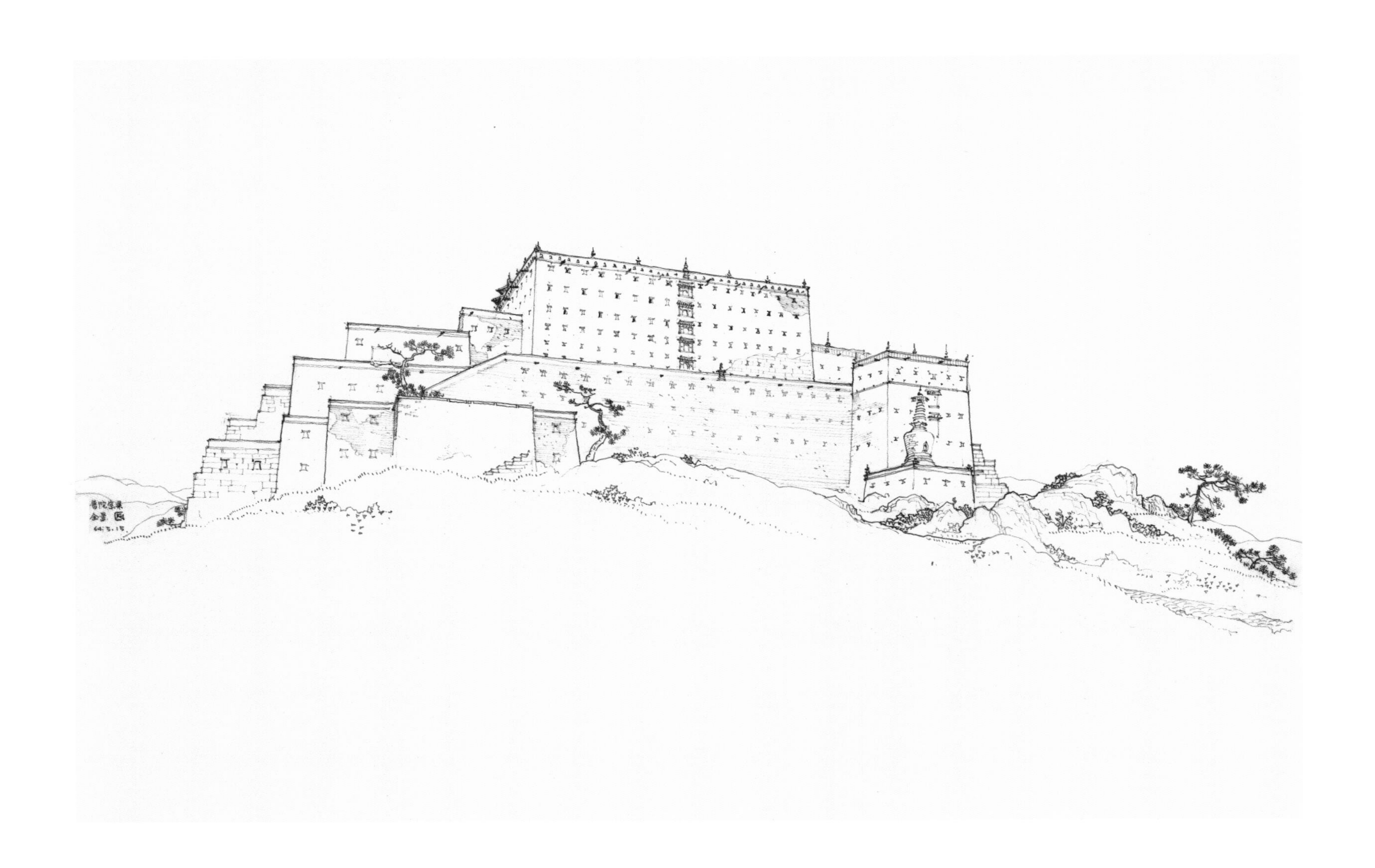

○○○

承德清代普陀宗乘庙全景

1964 年

。。。

承德清代普陀宗乘庙东侧

1964年

5

西　式　建　筑

。。。

临摹梁思成先生欧游速写

1953 年

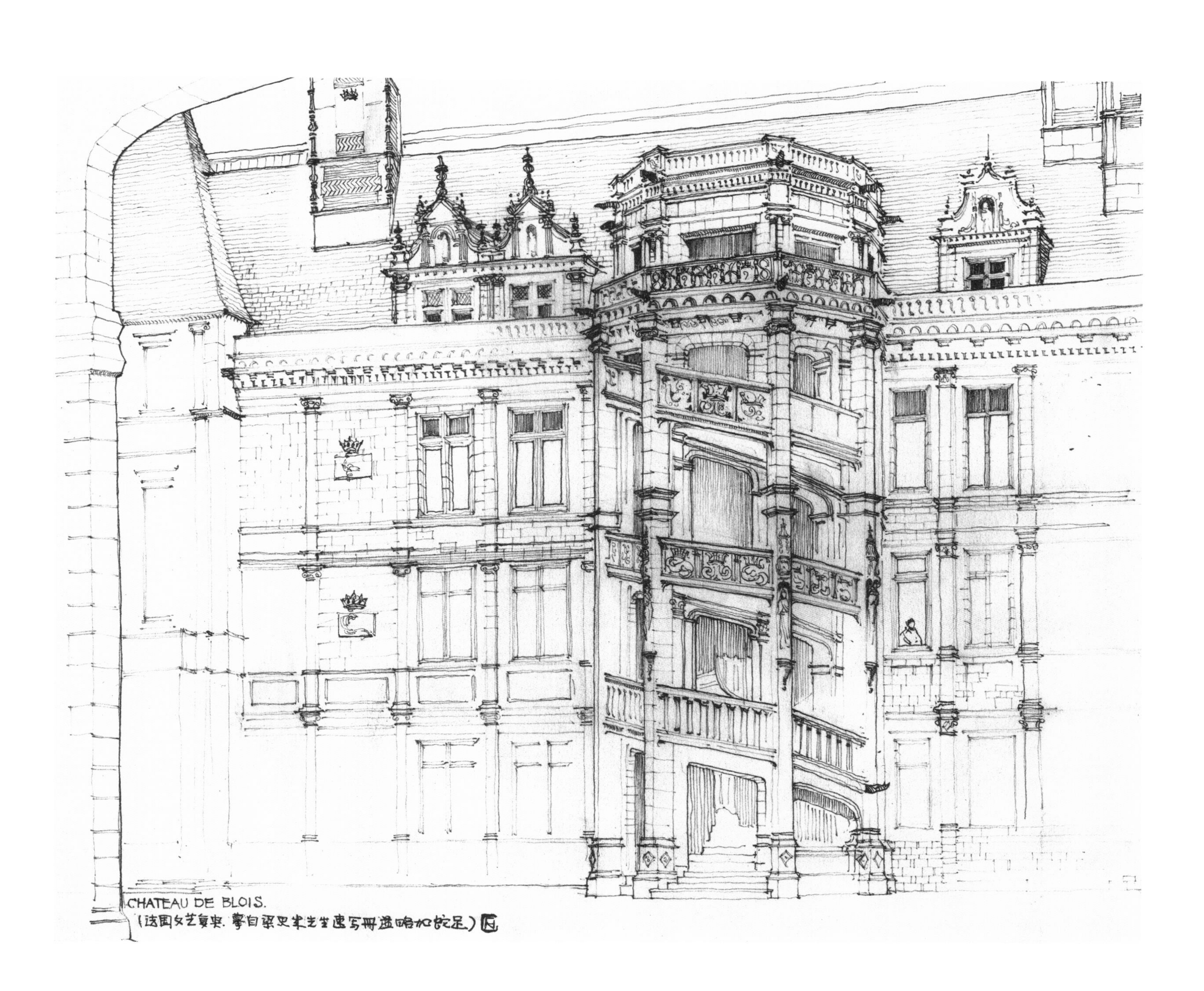

临摹梁思成先生法国布鲁瓦府邸大楼梯
1965年

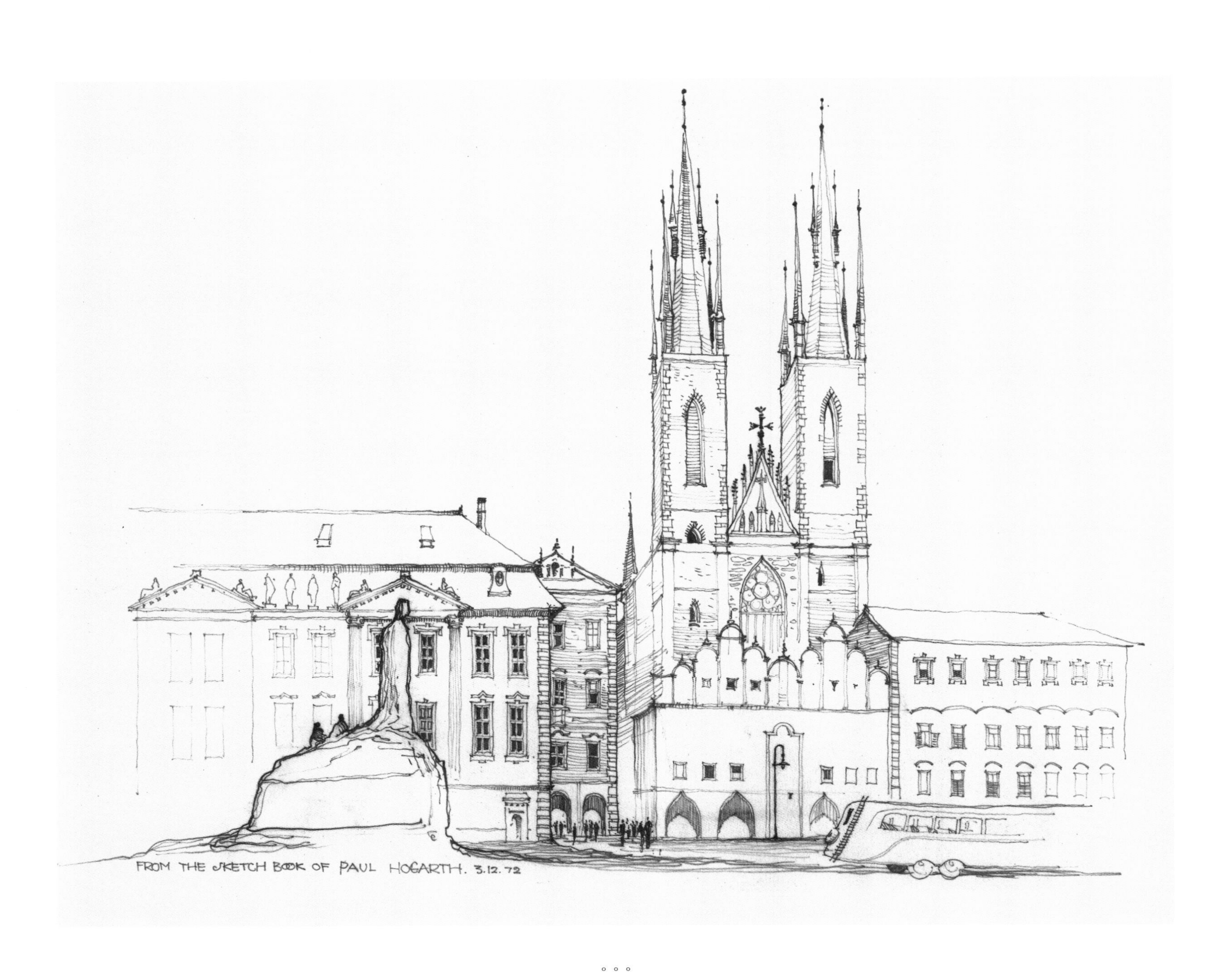

。。。

临摹保罗·荷加斯建筑写生

1972 年

。。。

法国肖蒙府邸

1957年

CHATEAU DE CHAMBORD.
1519－1547 A.D.
(法国文艺复兴)

°°°

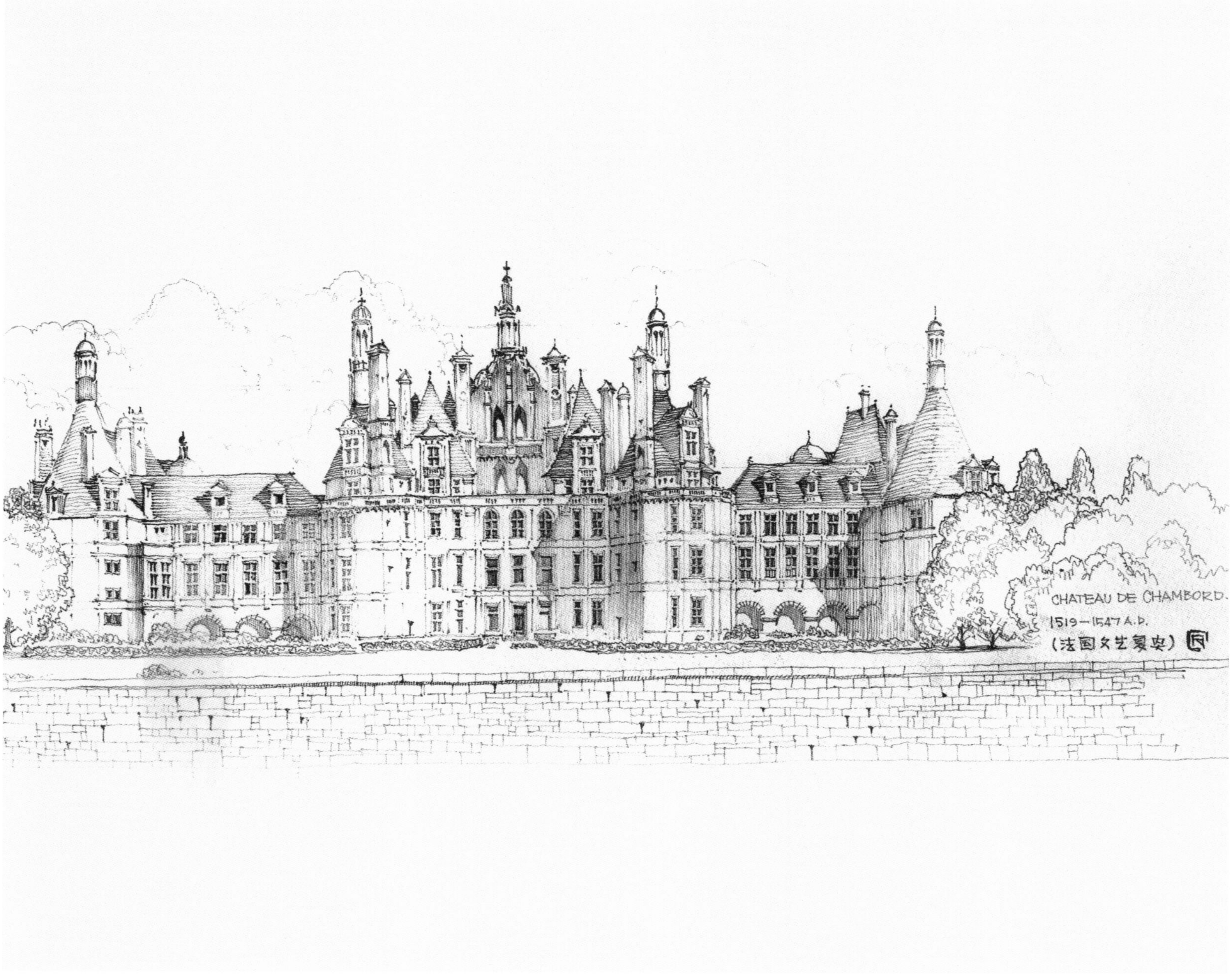

法国商堡

1965 年

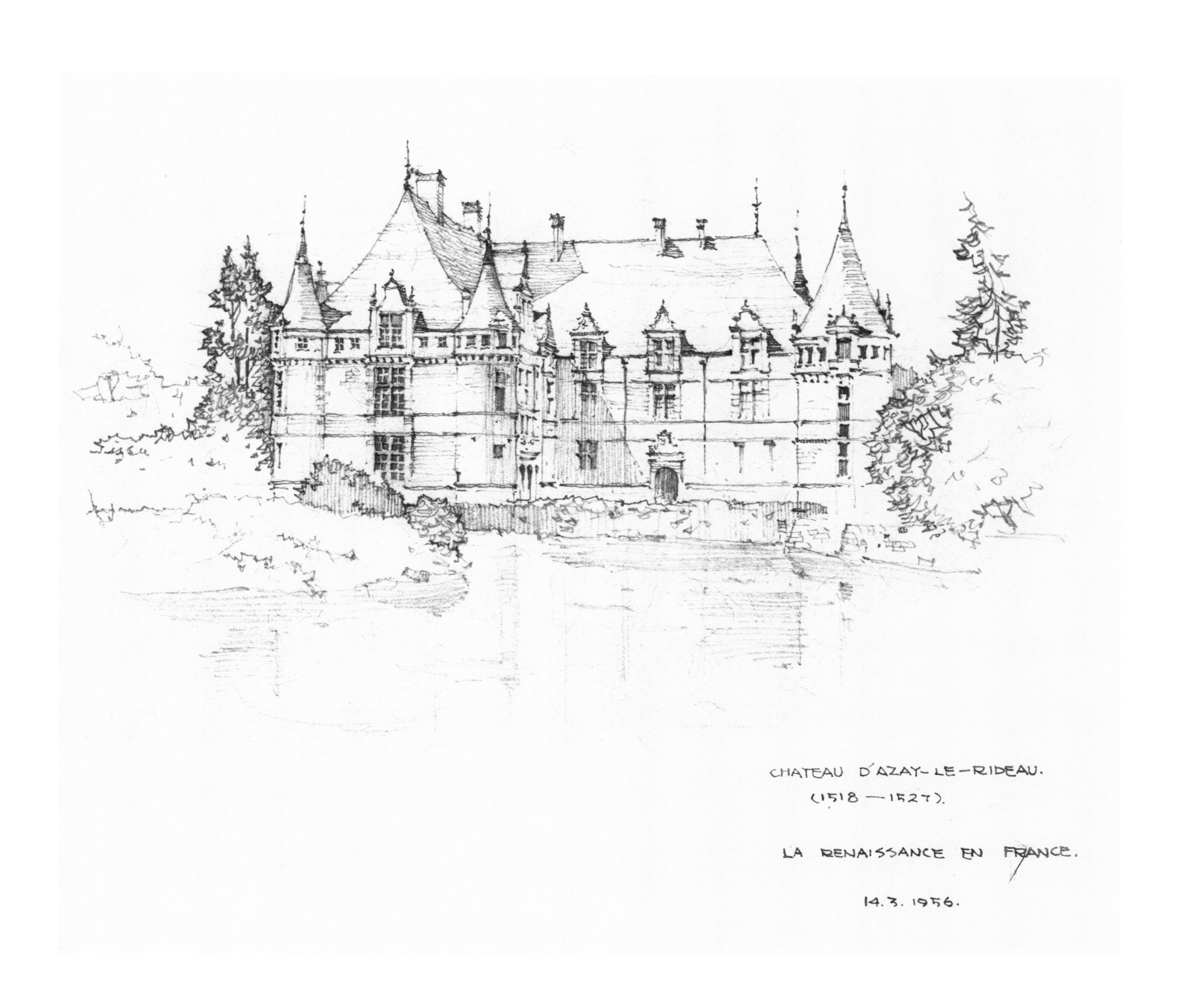

法国阿宰・勒・里多府邸
1956 年

。。。

古罗马蒂图斯凯旋门

1965 年

。。。

古罗马哈德良陵墓

1965年

。。。

上海市委大楼（原汇丰银行）

1962年

上海和平饭店

1962年

青岛天主教堂
1958年

6

江　山　风　物

。。。

南湖游艇
1971 年

。。。

福州鼓山灵源洞
1980年

。。。

太湖西山之一
1986年

。。。

太湖西山之二

1986年

。。。

太湖鼋头渚
1971 年

。。。

江上小景
1971 年

。。。

黄山蓬莱三岛

1979 年

。。。

黄山天都峰下

1979年

。。。

西湖风光
1971 年

。。。

西湖亭桥
1986 年

。。。

富春江上风光

1962 年

。。。

富阳桐庐乡间

1971 年

。。。

桂林漓江

1976年

。。。

天水耤河雨后

1972 年

。。。

天水仙人崖入口

1972 年

。。。

天水仙人崖寺庙
1972 年

◦◦◦

延安宝塔山
1971 年

。。。

厦门鼓浪屿远景

1963 年

古　风　设　计

河南具茨山黄帝大宗祠设计方案
1995年

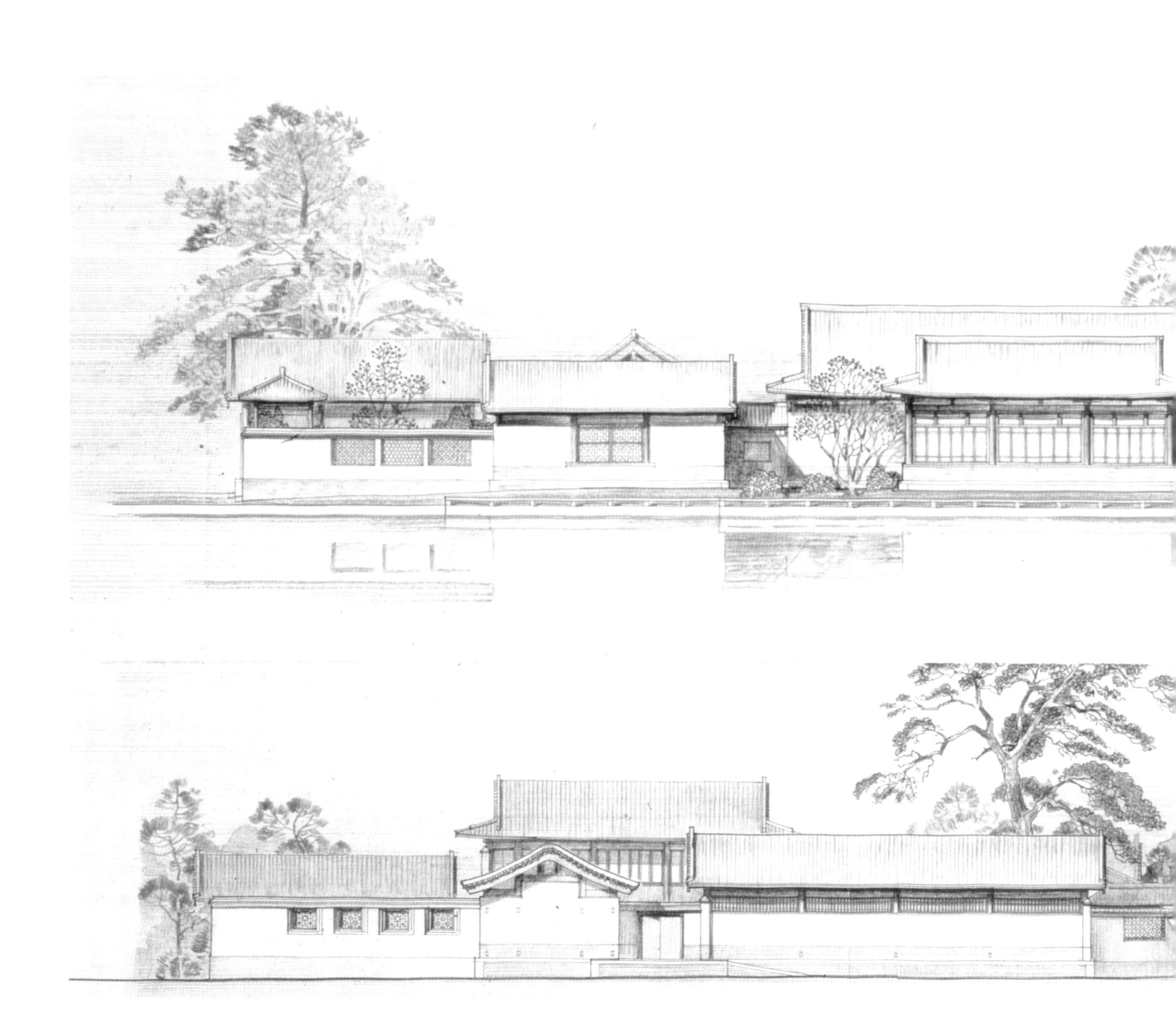

◦◦◦

中国古典家具博物馆设计方案
1992 年

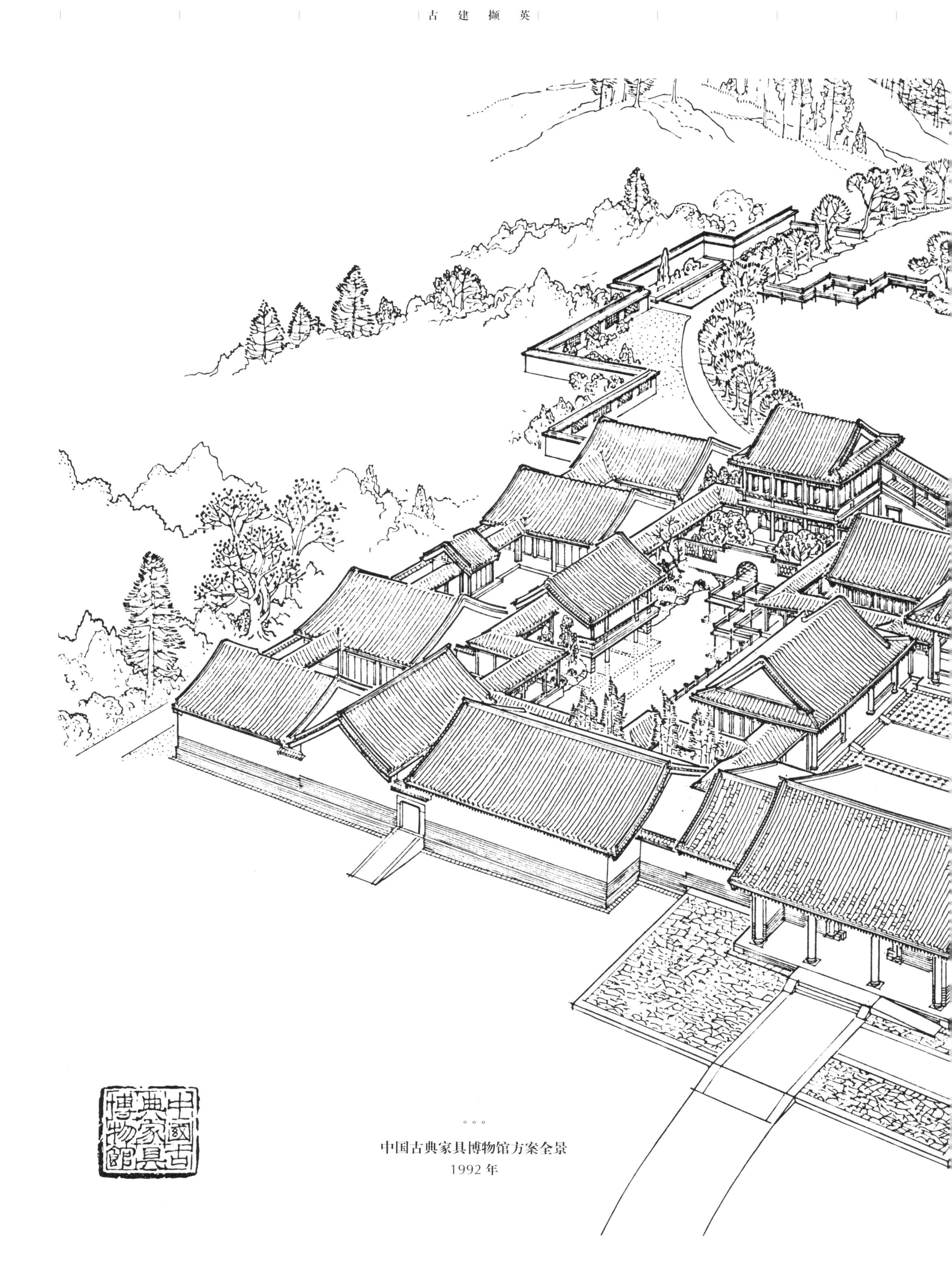

中国古典家具博物馆方案全景
1992 年

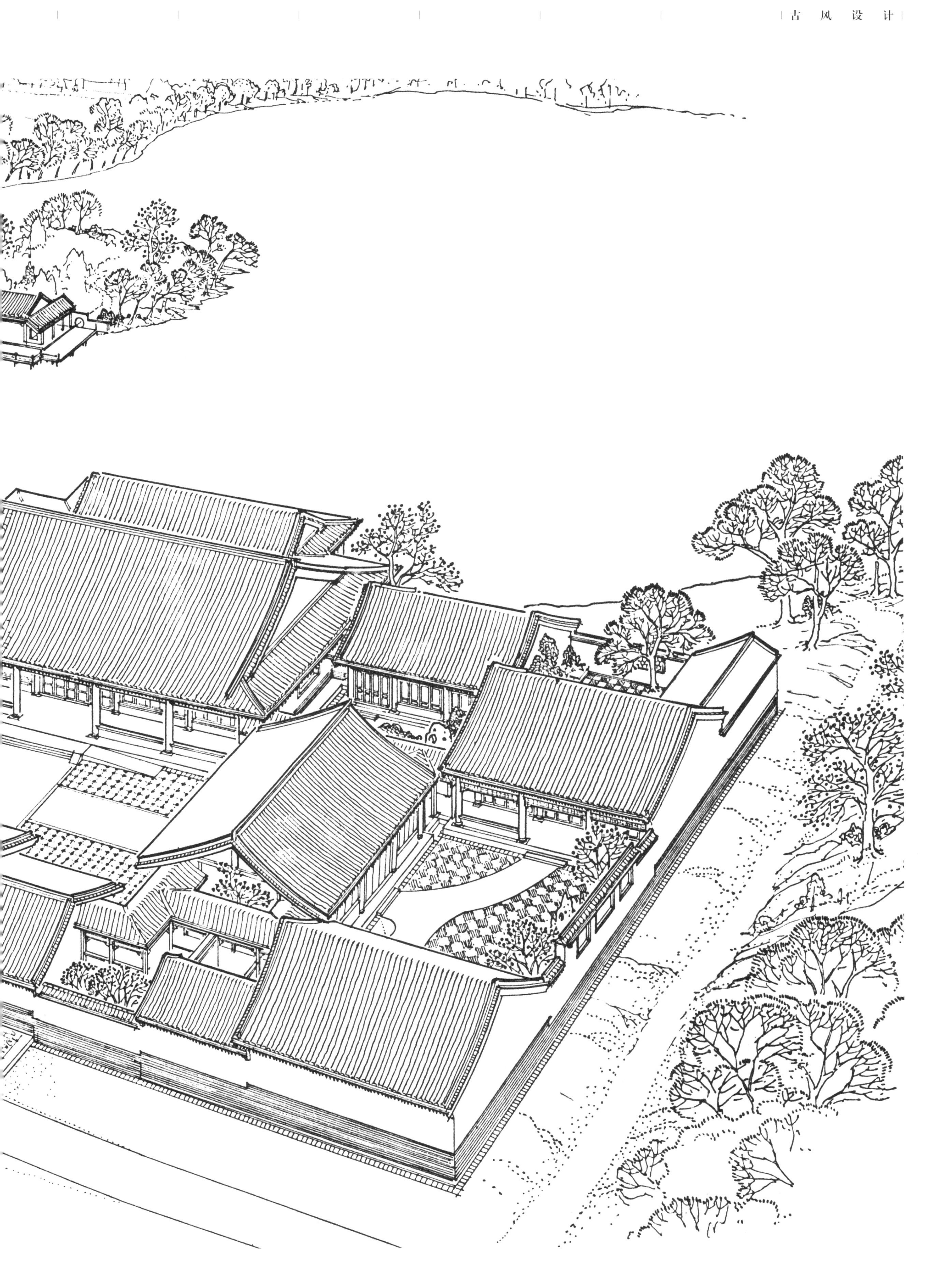

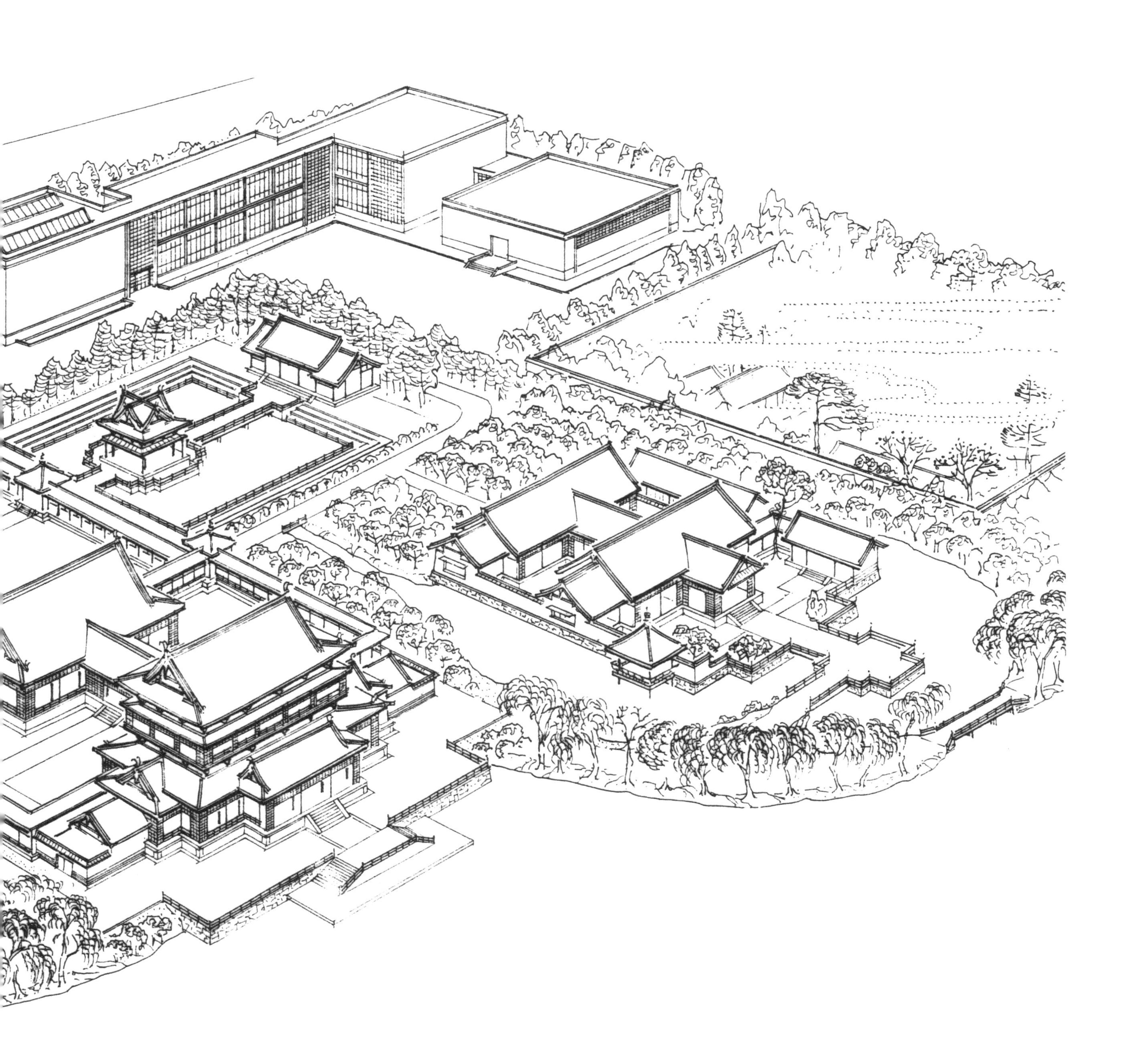

。。。

仿宋式园囿方案

1997 年

索 引

图书在版编目（CIP）数据

古建撷英：傅熹年建筑画选 / 傅熹年著．— 北京：文津出版社，2019.1

ISBN 978-7-80554-688-9

I. ①古… II. ①傅… III. ①建筑画—作品集—中国—现代 IV. ①TU204.132

中国版本图书馆 CIP 数据核字（2018）第 175624 号

封面题字 傅熹年
出 品 人 安 东 高立志
策划编辑 严 艳
责任编辑 严 艳 王忠波
装帧设计 李 高
责任印制 陈冬梅

古建撷英
傅熹年建筑画选
GUJIAN XIEYING
傅熹年 著

出 版 北京出版集团公司
文 津 出 版 社
地 址 北京北三环中路 6 号
邮 编 100120
网 址 www. bph.com.cn
总发行 北京出版集团公司
经 销 新华书店
印 刷 北京雅昌艺术印刷有限公司
版印次 2019 年 1 月第 1 版 2019 年 1 月第 1 次印刷
开 本 787 毫米 ×1092 毫米 1/8
印 张 27.5
字 数 10 千字
书 号 ISBN 978-7-80554-688-9
定 价 580.00 元

如有印装质量问题，由本社负责调换
质量监督电话 010-58572393